新概念阅读书坊

ZUIMEIDI

最美地球

ZIRANSHENGJING

自然胜境

主编◎崔钟雷

吉林美术出版社

图书在版编目（CIP）数据

最美地球自然胜境 / 崔钟雷主编 . —长春：吉林
美术出版社，2011.2（2023.6 重印）
（新概念阅读书坊）
ISBN 978-7-5386-5226-0

Ⅰ . ①最 … Ⅱ . ①崔 … Ⅲ . ①自然地理 – 世界 – 青少
年读物Ⅳ . ① P941-49

中国版本图书馆 CIP 数据核字（2011）第 015401 号

最美地球自然胜境
ZUI MEI DIQIU ZIRAN SHENGJING

出 版 人　华　鹏
策　　划　钟　雷
主　　编　崔钟雷
副 主 编　刘志远　杨　楠　张婷婷
责任编辑　栾　云
开　　本　700mm×1000mm　1/16
印　　张　10
字　　数　120 千字
版　　次　2011 年 2 月第 1 版
印　　次　2023 年 6 月第 4 次印刷
出版发行　吉林美术出版社
地　　址　长春市净月开发区福祉大路 5788 号
　　　　　邮编：130118
网　　址　www.jlmspress.com
印　　刷　北京一鑫印务有限责任公司
书　　号　ISBN 978-7-5386-5226-0
定　　价　39.80 元

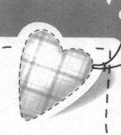

前　言

　　书，是那寒冷冬日里一缕温暖的阳光；书，是那炎热夏日里一缕凉爽的清风；书，又是那醇美的香茗，令人回味无穷；书，还是那神圣的阶梯，引领人们不断攀登知识之巅；读一本好书，犹如畅饮琼浆玉露，沁人心脾；又如倾听天籁，余音绕梁。

　　从生机盎然的动植物王国到浩瀚广阔的宇宙空间；从人类古文明的起源探究到 21 世纪科技腾飞的信息化时代，人类五千年的发展历程积淀了宝贵的文化精粹。青少年是祖国的未来与希望，也是最需要接受全面的知识培养和熏陶的群体。"新概念阅读书坊"系列丛书本着这样的理念带领你一步步踏上那求知的阶梯，打开知识宝库的大门，去领略那五彩缤纷、气象万千的知识世界。

　　本丛书吸收了前人的成果，集百家之长于一身，是真正针对中国少年儿童的阅读习惯和认知规律而编著的科普类书籍。全面的内容、科学的体例、精美的制作，上千幅精美的图片为中国少年儿童打造出一所没有围墙的校园。

编　者

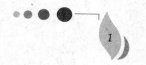
目 录

亚 洲
YAZHOU

三　峡

长江浩荡奔流，横穿巫山，气势磅礴，形成了奇伟、雄险的长江三峡。景色秀丽的三峡是巫峡、瞿塘峡、西陵峡的合称。古往今来，无数的文人墨客，为三峡壮丽的风光留下众多美丽的诗篇……

长江三峡是我国长江上一段山水壮丽的大峡谷，居中国40佳旅游景观之首，是中国十大风景名胜之一。三峡西起重庆白帝城，东到湖北南津关，由瞿塘峡、巫峡、西陵峡组成，全长193千米，这是常说的"大三峡"。它是长江风光的精华、神州山水的瑰宝，古往今来，闪烁着迷人的光彩。长江三段峡谷中的大宁河、香溪、神农溪的神奇与古朴，使这驰名世界的山水画廊气象万千。三峡的一山一水，一景一物，无不如诗如画，并伴随着许多美丽动人的传说。

长江三峡人杰地灵，不仅是风景胜地，还是文化之源。悠久的文化同旖旎的山水风光交相辉映，名扬四海。这里有许多著名的名胜古迹：如白帝城、南津关等。大峡深谷，曾是三国古战场，是无数英雄豪杰用武之地；著名的大溪文化，在历史的长河中闪烁着奇光异彩。

长江三峡两岸均为悬崖绝壁，江中滩峡相间，水流湍急，风光奇绝。两面陡峭连绵的山峰，一般高出江面700～800米。江面最狭处有一百米左右，随着规模巨大的三峡工程的破土动工，这里成了世界知名的旅游点。

三峡旅游区美景很多，其中著名的就有丰都鬼城、忠县石宝寨、

云阳张飞庙、瞿塘峡、巫峡、西陵峡等。巫峡的秀丽，西陵峡的险峻，瞿塘峡的雄伟，还有三段峡谷中的大宁河、香溪、神奇与古朴的神农溪；这里的溶洞奇形怪状，空旷深邃，神秘莫测；这里的江水汹涌奔腾，惊涛拍岸，百折不回。

瞿塘峡是长江三峡之一，西起奉节县白帝山，东至巫山县大溪镇，长8千米，是三峡中最短的但又是最雄伟险峻的一个峡谷。瞿塘峡两端入口处，两岸断崖壁立，相距不足100米，形如门户，名夔门，也称瞿塘峡关，山岩上有"夔门天下雄"五个大字。古人形容瞿塘峡："岸与天关接，舟从地窟行。"

巫峡在四川巫山和湖北巴东两县境内，西起巫山县城东面的大宁河口，东至巴东县官渡口，绵延45千米，包括金盔银甲峡和铁棺峡，峡谷特别幽深曲折，是长江横切巫山主脉背斜而形成的。

巫峡又名大峡，以幽深秀丽著称。整个峡区奇峰突兀，怪石嶙峋，绵延不断，是三峡中最具观赏性的一段，宛如一条迂回曲折的画廊，充满诗情画意。可以说巫峡是处处有景，景景相连。巫山十二峰屹立在巫山南北两岸，是巫峡风光中的胜景，其中以俏丽动人的神女峰最为迷人，历代多情的文人墨客为神女峰注入了丰富多彩的文化灵魂，深深地吸引着游人。

西陵峡在湖北秭归、宜昌两县境内，西起巴东县官渡口，东至宜昌县南津关，全长120千米，是长江三峡中最长的一个，且以滩多水急而闻名。西陵峡可分东西两段，两段峡谷之间为庙南宽谷，峡谷、宽谷各占一半。西段包括兵书宝剑峡、牛肝马肺峡和崆岭峡；东段则分黄猫峡和灯影峡（即明月峡）。峡中有川江五大险滩之中的青滩和崆岭滩。整个峡区由高山峡谷和险滩礁石组成，峡中

古往今来，众多文人墨客都被三峡的风采所倾倒，唐代大诗人李白就写下过
这样优美的诗句："朝辞白帝彩云间，千里江陵一日还；两岸猿声啼不住，
轻舟已过万重山。"

有峡，大峡套小峡；滩中有滩，大滩含小滩。

兵书宝剑峡在长江北岸，有一沓层次分明的岩石，看起来就像一堆厚书，还有一根上粗下尖的石柱，竖直指向江中，非常像是一把宝剑，传说此处是诸葛亮存放兵书和宝剑的地方，峡名由此而来。

万里长江劈山开岭、冲过激流险滩，出南津关后，就进入了江汉平原。江面由 300 米一下子拓宽到 2200 米，展现在大家面前的是一幅千舟竞发、绿野无垠的美丽画卷。

珠穆朗玛峰

世界第一高峰——珠穆朗玛峰，高高矗立在喜马拉雅山脉上。耸入云霄的峰顶终年白雪皑皑，云遮雾绕，神秘莫测，一直以来，它被人们尊为圣山。雄伟壮观、巍峨挺拔的珠穆朗玛峰，沉默地见证着自然界的沧海桑田。

珠穆朗玛峰，简称珠峰，位于中国和尼泊尔交界的喜马拉雅山脉上。珠峰是世界第一高峰，海拔 8844.43 米。喜马拉雅山脉和珠穆朗玛峰都是以藏语命名的，"喜马拉雅"在藏语中是"冰雪之乡"的意思，缘于山脉常年积雪，云雾缭绕；而"珠穆朗玛"藏语意为"女神第三"。在神话中，珠穆朗玛峰是天女居住的宫室，因此珠峰也被称作"圣女峰"。

珠穆朗玛峰是喜马拉雅山脉上最高的山峰，山体呈巨型金字塔状，地形极端险峻，环境异常复杂。峰顶空气稀薄，空气的含氧量很低，只有东部平原的四分之一左右，还经常刮大风，一般是 7 ~ 8 级风，12 级大风也不是很罕见。由于海拔极高，珠峰峰顶的最低气温常年在 -30℃，山上的一些地方常年积雪不化，形成了冰川。每当旭日东升，巨大的冰峰在红光照耀下折射出七彩光线，绚丽非凡。除此之外，冰川上还有许多奇特的自然景观，如千姿百态、瑰丽罕见的冰塔林；高达数十米的冰陡崖和步步陷阱的明暗冰裂隙；还有险象环生的冰崩、雪崩区。虽然这里布满危险，但世界各地的游客却在此

人们对飘浮在珠峰顶部的云彩十分感兴趣。这云彩好像是在峰顶上飘扬着的一面旗帜，因此这种云被形象地称为旗帜云或旗状云。

流连忘返。

珠峰气势磅礴、威武雄壮，在它周围的 20 平方千米范围内，群峰林立，层峦叠嶂。较著名的有洛子峰（世界第四高峰，海拔 8463 米）和卓穷峰（海拔 7589 米）等。在这些巨峰的外围，还有许多世界级的高峰与之遥遥相望：东南方向有干城章嘉峰（世界第三高峰，海拔 8585 米，位于尼泊尔和印度的交界）；西面有格重康峰（海拔 7998 米）、卓奥友峰（海拔 8201 米）和希夏邦马峰（海拔8012米）。众峰相对而立，形成了群峰来朝、"峰涛汹涌"的壮阔场面。

珠峰地区及其附近高峰的气候复杂多变，一年四季之间的气候气温变幻莫测，即使在短短的时间之内也可能翻云覆雨。但大体上来说，每年 6 月初至 9 月中旬是雨季，强烈的东南季风造成恶劣的气候，暴雨频繁、云雾弥漫、冰雪肆虐无常。每年的 11 月中旬至第二年 2 月中旬，受强劲的西北寒流控制，气温最低时可达 −60℃，平均气温也在 −50℃ ～ −40℃，最大风速达 90 米/秒。在一年中只有两段时间是游览登山的好时候：第一段是 3 月初—5 月末，第二段是 9 月初—10 月末，然而在这两段时期，天气状况也很不确定，实际上适合游览的好天气也就二十天左右。

　　虽然自然环境十分恶劣，但在这样酷寒的山脉中仍然有许多珍稀物种存在。1989年3月，珠穆朗玛峰国家自然保护区宣告成立，保护区面积3.38万平方千米。区内珍稀、濒危生物物种极其丰富，里面有8种国家一级保护动物，如长尾灰叶猴、熊猴、喜马拉雅塔尔羊、金钱豹等等，黑熊和红熊猫也是喜马拉雅山珍贵的动物物种。

　　珠峰一直是世界登山家和科学家向往的地方。但是由于条件太过恶劣，这座山峰曾被人们认为是生命的禁区，多个世纪以来，都是可望而不可即的地方。从1921年英国登山队正式攀登珠峰开始，世界各地的优秀登山家曾经多次尝试接近这座伟大的山峰，直到1953年5月29日，英国登山队的新西兰人希拉里和尼泊尔人丹增·诺盖由尼泊尔一侧（即珠峰南侧）攀登珠峰成功，这是第一次有人站在了世界之巅的顶峰。正应了中国的一句古话"万事开头难"。

　　在1960年5月25日凌晨4时20分，登山运动员王富洲、贡布（藏族）、屈银华由珠峰北侧成功登上这地球最高峰，这是中国人第一次登上珠峰，也是人类历史上第一次从北侧登上地球之巅。

九寨沟

人间仙境九寨沟，尤以水闻名天下，其有"黄山归来不看山，九寨归来不看水"之说。九寨沟集所有美景于一身：神秘莫测的湖泊，妙绝天下的瀑布，晶莹的雪峰，茂密的森林，色彩明丽多变。

九寨沟号称人间仙境，位于我国四川省阿坝藏族羌族自治州南坪县境内，是白水江上游的白河的支沟。九寨沟纵深四十多千米，总面积六百多平方千米，三条主沟呈"Y"形分布，总长达六十余千米。由于交通不太方便，这里几乎成了一个与世隔绝的地方。仅有九个藏族村寨坐落在这片崇山峻岭之中，九寨沟因此而得名。

天池四季景色俱佳。古往今来，文人墨客多吟诗赋文，备极赞誉。20世纪70年代初，郭沫若曾陪同西哈努克亲王旅游，临湖吟出"一池浓墨沉砚底，万木长毫挺笔端"的佳句。

　　九寨沟平均海拔在 2000 米以上，原始森林遍布全沟，沟内分布着 108 个湖泊。九寨沟有五花海、五彩池、树正瀑布和诺日朗瀑布，五彩缤纷，风景绝佳，有"童话世界"之盛誉。正因其独有的种种原始景观和丰富的动植物资源而被誉为"人间仙境"。

　　九寨沟的莽莽林海，随着季节的变化，幻化出各种色彩。初春，红、黄、紫、白各色杜鹃点缀其间，之后，山桃花、野梨花相继吐艳，嫩绿的树木新叶夹杂其中，整个林海繁花似锦。盛夏则是绿色的海洋，新绿、翠绿、浓绿、黛绿，各种绿你都能够见到，绿得那样青翠，那样有生命力。深秋时节浅黄色的椴叶、绛红色的枫叶、殷红色的野果，深浅相间，错落有致，在暖色调的衬托下，湖水更加湛蓝。蓝天、白云、雪峰、彩林倒映于湖中，呈现出光怪陆离的水景，整个山区似一幅独具匠心的巨幅油画。到了冬天，白雪皑皑，玉树琼花，银装素裹的九寨沟显得洁白、高雅。

　　九寨沟是大自然的杰作。如果说世界上真的有人间仙境，那必然就是九寨沟。九寨沟的景点有很多，如宝镜岩、盆景滩、芦苇海、五彩池、镜海、犀牛海和长海等。九寨沟的景观主要分布在树正、诺日朗、剑岩、长海、扎如、天海这 6 大景区内，并且以 3 沟 118 海为代表，包括 5 滩 12 瀑、10 流等主要景点，与 9 寨 12 峰联合组成高山河谷自然景观。九寨沟动植物资源丰富，种类繁多。有大熊猫等十多种稀有、珍贵的野生动物栖息在这里。

　　在日则沟有几处瀑布最为有名。宽 310 米、高 28 米的珍珠滩瀑

秋天是九寨沟最为灿烂的季节，五彩斑斓的红叶，彩林倒映在明丽的湖水中。缤纷的落叶在湖光流韵间漂浮。悠远的晴空湛蓝而碧净。

布和珍珠滩相连，瀑面呈新月形，宽阔的水帘似拉开的巨大环形银幕，瀑声雷鸣，飞珠溅玉，气势磅礴。珍珠滩瀑布就像一面巨大晶莹的珠帘，从陡峭的断层飞泻而下，"滚滚银花足下踩，万顷珍珠涌入怀"就是形容置身于这流琼飞玉的瀑布前的真实感受的诗句。高 78 米、宽 50 米的熊猫湖瀑布，是九寨沟落差最大的瀑布，在寒冷的冬

季则成为璀璨耀眼的冰晶世界，蔚为奇观。

妙不可言的五花海远近驰名。湖水一边是翠绿色的，另一边却是湖绿色的，湖底有一丛丛灿烂的珊瑚，在阳光的照射下，五光十色，非常美艳。五花海有"九寨精华"及"九寨一绝"的美名。五花海是九寨沟的骄傲，站在五花海的最高点，也就是在老虎石上俯视，可以饱览五花海全景。

九寨沟是名副其实的山清水秀，水色使山林更加葱郁，山林使水色更加娇艳，绝妙美景，相辅相成。湖水从树丛中层层跌落，形成了罕见的林中瀑布，湖下有瀑布，瀑布再倾泻入下面的湖，湖瀑孪生，层层叠叠，相衔相依。静中有动，动中有静，动静结合，蓝白相间的瀑布构成了宁静翠蓝的湖泊和洁白飞泻并存的奇景。

随着海拔升高，九寨沟的景观也在不断地变化，由低到高，由简到繁，移步换景，且步步引人入胜。九寨沟的景观如同一曲气势磅礴的交响乐，由序幕的平静到高潮的澎湃，给人留下无法忘怀的绝美感受。排列有序的九寨沟景点给人强烈的视觉冲击。作为一个数十平方千米的游览区，九寨沟景点之多，景观之美，观光内容之丰富，在全世界也实属罕见。

香格里拉

香格里拉，世外的桃花源。那里有最蓝的天，纯净似水；那里有最美的云，缥缈迷蒙；那里有最迷人的雪山，空灵悠远；那里有最原始的草原，安然宁静……那里是人间最后的天堂！

香格里拉是传说中的世外桃源。"香格里拉"一词源于1933年英国著名小说家詹姆斯·希尔顿在《消失的地平线》中所描绘的一处永远和平、宁静的地方。现在说的香格里拉景区位于我国云南省西北部的藏族自治州香格里拉县，香格里拉是由"三江并流"形成的，这里有雪山、峡谷、草原、高山湖泊和原始森林，还有独特的民族风情，这一切都与詹姆斯·希尔顿想象中的圣地不谋而合。更加巧合的是，"香格里拉"一词是迪庆香格里拉县的藏语，意为"心中的日月"，是藏民心目中的理想生活环境和一种至高无上的境界。

香格里拉是一片人间少有的、保留完整自然生态环境和民族传统文化的净土，素有"高山大花园""动植物王国""有色金属王国"的美称，是一个自然景观和人文景观很集中的区域，是我国八

香格里拉雪峰连绵，峡谷纵横深切，再有辽阔的高山草原牧场、莽莽的原始森林，以及星罗棋布的高山湖泊，使香格里拉的自然景观神奇险峻而又清幽灵秀。

大黄金旅游热线之一。

香格里拉景区内的泸沽湖，如同一只展翅的飞燕，这个湖泊也是国内较大的天然淡水湖，被誉为"高原明珠"。湖中共有7个小岛，都是风光秀丽、林木葱茏；湖的西北面，巍然矗立着雄伟壮丽的格姆山；湖的东南与草海连接，这里牧草丰盛，牛羊肥美，而且每到冬季，数以万计的天鹅、黑颈鹤等珍稀候鸟便栖息于此，给景区平添一种独特的景致。

丽江也属于香格里拉景区，据说这是神祇遗留在这个世界上唯一的人间仙境，这里祥气笼罩，瑞云缭绕，鸟儿在蓝天白云间飞翔，人们在古桥流水边徜徉。

说起香格里拉，不得不提的还有梅里雪山。

梅里雪山是云南最壮观的雪山群，绵延数百里，占去德钦县34.5%的面积。海拔6000米以上的太子十三峰，姿态各异，又紧紧相连。主峰卡瓦格博峰（海拔约六千七百四十米）是云南最高的山峰。

梅里雪山不仅有太子十三峰，还有雪山群所特有的各种雪域奇观。卡瓦格博峰下，冰川遍布，其中明永恰冰川可谓是最壮观的冰川，也是世界上少有的低纬度海拔季风海洋性现代冰川。它从海拔5500米的地方下延至海拔2700米的森林地带，长达8000米，宽五百多米，面积大约有七十平方千米。

　　梅里雪山的冰川、冰瀑令人心醉，在卡瓦格博峰的南侧，有从千米悬崖倾泻而下的梅里雪山雨崩瀑布。这个瀑布的水，在梅里雪山朝圣者心中是很神圣的，他们虔诚地来到瀑布下面沐浴，求得吉祥。稻城亚丁被称为最后的香格里拉，方圆 7323 平方千米的土地上，存留着大地最古老的记忆和大自然最真、最纯的景致。

　　稻城北部是青藏高原上最大的古冰遗迹——海子山自然保护区。保护区的中部是开阔的河谷和草原，牧草丰茂，野花飘香；它的南部是千姿百态、连绵不绝的山峰。

　　当内地进入炎夏之后，这里便开始弥漫起春色，短短的几个月，它展示出了这个世界所有的色彩和景象，在这里，所有的生命都竞相表现着自己，傲视苍穹的雄鹰，自由自在的各种野生动物。

　　稻城属于康巴藏区，那里的人都信奉佛教、崇拜自然。他们的生活与纯净的大自然融为一体，一切都取之于自然，归依于自然。这就是香格里拉，梦里的天堂。

富士山

"**玉**扇倒悬东海天"，富士山那最为优美的圆锥状山体，是日本民族最引以为傲的象征。富士五湖、富士樱花，花映水色、湖映山色，湖光、山色、花容，一直是世界闻名的胜景。

富士山是日本第一高峰，是日本民族的象征，被日本人民誉为"圣岳"，它也是世界最美丽的高峰之一，兀立云霄的山顶，终年白雪皑皑。

富士山位于日本的首都东京西南约八十千米的地方，面积九十多平方千米。它是静冈县和山梨县境内的活火山，它的主峰海拔约为三千七百七十六米，属于本州地区的富士箱根伊豆国立公园。富士山山体呈圆锥状，很像一把倒挂悬空的扇子，"玉扇倒悬东海天""富士白雪映朝阳"等都是赞美它的著名诗句。在富士山周围 100 千米以内，人们就可看到富士山美丽的锥形轮廓了。

富士山和其他的高峰一样，有层次分明的特点：山上有植物两千余种，海拔 500 米以下是亚热带常绿林；海拔 500 ~ 2000 米是温带落叶阔叶林；海拔 2000 ~ 2600 米是寒温带针叶林；海拔2600米以上是高山矮曲林带，而山顶常年积雪。

富士山曾有火山喷发史，由于火山喷发，所以在山麓处形成了无数山洞，千姿百态，十分迷人。有的山洞至今仍然有喷气现象，有的则已死气沉沉，冷若冰霜。富士山风穴内的洞壁是最美的，上面结满

了钟乳石似的冰柱，终年不化，被叫做"万年雪"，是极为罕见的奇观。山顶上有大小两个火山口，大的火山口直径800米，深200米。当天气晴朗的时候，站在山顶就可以看到云海风光。

富士山周围，分布着5个淡水湖，统称为富士五湖。它们都属于堰塞湖，是日本著名的观光度假胜地，从东到西分别为山中湖、河口湖、西湖、精进湖和本栖湖。山中湖是五湖中最大的，面积约6.75平方千米。湖东南的忍野村，有通道、镜池等8个池塘，总称为"忍野八海"，是与山中湖相通的。河口湖是五湖中交通最方便的，现已成为富士五湖的观光中心。湖中映出的富士山倒影，成为富士山胜景之一。湖中的鹈岛是五湖中唯一的岛屿。岛上有一座专门保佑孕妇安产的神社。湖上还有长达1260米的跨湖大桥。西湖，又名西海，是五湖中最安静的一个湖。西湖岸边有红叶台、青木原树海、鸣泽冰穴、足和天山等风景区。据说，西湖与精进湖本来是相连的，后来因为富士山的喷发而分成了两个湖，但是至今这两个湖底仍是相通的。

富士五湖中最小的是精进湖，湖岸上有许多高耸的悬崖，地势复杂，虽然很小，但它的风景却是最独特的。湖水最深的是本栖湖，最深处达126米。湖面呈深蓝色，终年不结冰，透出一种神秘气息。

富士山的南麓有一片辽阔的高原地带，是绿草如茵、牛羊成群的牧场。山的西南麓是著名的白系瀑布和音止瀑布。白系瀑布落差达26米，从岩壁上分成十余条细流，就像无数白练自空而降，形成一个宽一百三十多米的雨帘，极其壮观；音止瀑布就像一根巨柱从

富士山是日本国内的最高峰，也是世界上最大的活火山之一，目前正处于休眠状态，但地质学家们仍然把它列入活火山之列。

高处冲击而下，声如雷鸣，震天动地。

富士山山麓上，还有面积达 74 万平方米的富士游猎公园，其中生活着四十余种、一千多头野生动物，这当中包括三十多头狮子。游人可以驾驶汽车，在公园内观赏各种珍稀动物。除此之外，富士山还有幻想旅行馆、昆虫博物馆、奇石博物馆、植物园、野鸟园和野猴公园等景区。

20 世纪以来，富士山以其独有的魅力吸引着无数的游人。

菲律宾火山群

由于菲律宾处在火山地震带上，因此国内多火山。著名的阿波火山有"火山王"之称；有趣的塔尔火山是"大自然的奇迹"；马荣火山被称为"最完美的圆锥体"，可与日本的富士山相媲美。

处于环太平洋火山带上的菲律宾，是这一地区火山活动最活跃的国家之一。因为欧亚板块与太平洋板块不断地推挤，火山、温泉和地震在菲律宾十分常见，五十多个火山散布在菲律宾7107个岛屿中。这些火山形成的根本原因都是地壳板块的移动。在太平洋边缘的大陆板块和海床板块相互摩擦碰撞时，周围陆地边缘就形成了火山。菲律宾的火山频繁爆发，有些火山的爆发甚至影响到了全世界。著名的火山有阿波火山、马荣火山和塔尔火山等。

阿波火山是菲律宾境内的最高峰，有"火山王"之称，它位于棉兰老岛达沃市西南约三十千米处，海拔约两千九百五十四米，至今仍经常冒烟，是一座典型的活火山。火山南坡有富有传奇色彩的土达亚瀑布，这条瀑布从一个壁龛处飞泻而下。传说这个壁龛是由一名叫土达亚的美丽

火山喷发可在短期内给人类造成巨大的损失，它是一种灾难性的自然现象。然而火山喷发后，能提供丰富的土地、热能和许多种矿产资源，还能提供旅游资源。

姑娘雕刻的，瀑布因而得名。土达亚瀑布颇为奇特，时而潺潺细响，时而金鼓轰鸣。

塔尔火山，也叫母子火山。塔尔火山位于菲律宾的吕宋岛，山顶上的火山口长 25 千米、宽 15 千米，面积约三百平方千米，以"世界上最小的火山"闻名于世。在有历史记录的 500 年来，它已喷发数十次了，最近一次的爆发在 1975 年。火山口由于长年积水，最后形成一个火山口湖，名字就叫塔尔湖。塔尔火山是一个十分奇特的火山，在它的火山口湖中，竟然还有一个小火山，就像袋鼠妈妈的育儿袋中还有一只活泼可爱的小袋鼠一样。于是，塔尔火山和它的"爱子"一起构成了母子火山。"母子"俩的年龄相差很大："母亲"出生在地质年代的第四纪，已经几百万岁了；"儿子"呢，不过八十多岁。它们的脾气都十分暴躁，常常爆发。就是在 1911 年的一次爆发中，"儿子"火山便"呱呱坠地"了，人们给它取名为"武耳卡诺"，意思就是"燃烧的山"。塔尔火山山中有山，湖中套湖，成为大自然的一大奇迹。

远望塔尔火山，总是雾霭弥漫，让人无法看清山顶那个小火山口湖到底是什么样子。但是只要登上顶峰，任何人都会被眼前壮观的景色所迷倒：整个火山湖像一口大井，从峰顶到湖面约有一百米距离，湖中水波不兴，平静得像一面镜子。望着这平静的湖水，人们很难想象下面蕴藏着无限的"激情"，也许它正在积蓄力量，等待下一次的喷发。

马荣火山位于吕宋岛东南部，属于阿尔拜省，在首都马尼拉东南方约三百四十千米处。

马荣火山是一个活火山，号称

"最完美的圆锥体"，是世界上轮廓最完整的火山，它可以与日本的富士山相媲美，是菲律宾著名的旅游景点，马荣火山平缓的山坡匀称和谐，它的圆锥形外貌远比日本的富士山完美。一年四季都有气体源源不绝地从喷口飘出，经常凝成朵朵白云，缭绕山顶。晚上，它喷出的烟雾呈暗红色，整个火山像一座三角形的烛台，耸立在夜空中闪闪发光。马荣火山是菲律宾最活跃的火山之一，在过去的400年间爆发了50次。

第一次有记录的喷发是在1616年；最近的一次喷发是2001年6月的温和性喷发；最具毁灭性的一次爆发是在1814年2月1日，熔岩流掩埋了整整一座城市，造成1200人死亡。那次马荣火山肆虐之后，在熔岩覆盖之下的新地表上，仅剩市中心的钟楼露出一小部分。

马荣火山海拔2421米，周围占地约二百五十平方千米，当它将要喷发时，火山口会隆隆作响，向人们发出警报，让周围居民暂避他处，免遭损害。

加德满都山谷

美丽的加德满都山谷，有纯净的天空，让每个人都襟怀开阔，白雪封顶的绝峰遥指蓝天，这里是那么明丽、自然。这些原始的自然景观总能带给人们最直接的心灵震撼。

在尼泊尔，处处都是风景。这里有最著名的奇它旺国家公园，公园里有着最为丰富的动植物生态景观。还有就是加德满都山谷，加德满都山谷坐落在印度与西藏之间，喜马拉雅山脉南麓海拔约一千五百米处，是尼泊尔的心脏。有巴格马蒂河及其支流从谷地穿过。整个山谷东西长 32 千米，南北宽 25 千米。

美丽的加德满都山谷，天空湛蓝，白雪皑皑的峰顶，与湛蓝的天空相接，色彩鲜明、自然。尤其是山谷中的那嘎库特地区，风光秀丽，空气清新，光线充足。在过去的几百年间，这里一直是尼泊尔历代国王的疗养地。而且这里也是尼泊尔境内观赏日出和日落的最佳地点。

加德满都山谷中褐色的丘壑、曲折流淌的河流，以及青翠的山峦，耀目的远处雪峰，都会让人们情不自禁地发出一声惊叹。绚丽

的朝霞，火红的云海，将谷地晨夕的天空映衬得如此壮观，成为别于蔚蓝天空的又一景观。这就是神秘奇伟的加德满都谷地。

相传加德满都曾是一个很大的湖泊，佛教徒相信是曼竺释神用魔剑劈开了周围的山峰，排干湖中的水从而形成今天的加德满都山谷。

加德满都城是尼泊尔的首都，位于加德满都河谷西北部，四周群山环抱，阳光灿烂，四季如春，素有"山中天堂"的美称。加德满都是连接中国和印度之间的交通要道，而印度教、佛教便汇聚于此，因此，城内修建了大量的寺庙和佛塔，尼泊尔历代王朝在这里修建了数目众多的宫殿、庙宇、宝塔、殿堂、寺院等，在面积不到七平方千米的市中心有佛塔、庙宇二百五十多座，全市有大小寺庙两千七百多座，真可谓"五步一庙、十步一庵"，形成了寺庙多于住宅、佛像多于居民的独特景观。因此，有人把这座城市称为"寺庙之城"，或者"露天博物馆"。

神秘的加德满都山谷，既有最秀美的自然风光，也是宗教文化的集汇地，古老文明在这里长久流传。

卡齐兰加国家公园

在一片辽阔无边的大草原上，到处可见池塘、河湖，还有潺潺的小溪，它们纵横交错，遍布各处，你还会看见独角犀牛悠闲地走着。这与世无争的生活情景就出现在卡齐兰加国家公园，这里是独角犀牛的家园。

印度的卡齐兰加国家公园，可能许多人从未听说过，可印度的独角犀牛人们一定听说过，或许卡齐兰加国家公园正是因为有了这种独特的动物才成为亚洲较为出名的景点之一。卡齐兰加国家公园位于雅鲁藏布江的沉积平原上，这里经常洪水泛滥，这使得附近地区水量充沛，池塘、河湖、小溪遍布各处、纵横交错。

印度独角犀牛是世界上最稀少的大型野生动物，也是印度半岛上最凶猛的食草类动物。它的体长可达三米，体重竟有八百多千克，有碗口粗的独角，皮上有许多圆钉状的突起，远远看去像是披盔带甲的古代武士。

犀牛虽然身躯庞大，相貌丑陋，却是些胆小无害、不伤人的动物。一般来说，它们宁愿躲避也不愿战斗。不过它们受伤或陷入困境时却异常凶猛，往往盲目地冲向敌人。

独角犀牛本来过着与世无争的生活，可是它的犀角却给它惹了许多麻烦，科学研究表明，犀角有良好的药效，对退烧疗效尤为显著，民间更是将犀角的功效无限夸大，所以很多人疯狂地捕捉它们，以牟取暴利。

利欲熏心的捕捉者闯进犀牛世代生活的地方，用猎枪来对付皮糙肉厚的犀牛。动物再凶猛，也不是

人的对手，尤其是那些躲在暗地里开枪的人。一阵阵令人心悸的枪声响过之后，独角犀牛倒在血泊之中。面对这样大肆捕杀独角犀牛的状况，印度人有些着急了，便在卡齐兰加地区进行了一次野生动物普查。结果让人震惊，也让人感到心痛，这一地区特有的独角犀牛只剩下十几头了。于是人们立即决定，把整个卡齐兰加地区封锁起来，变成森林保护区，不准任何人随意出入，当地居民也全都迁移出去，在1974年卡齐兰加国家公园正式成立。

卡齐兰加国家公园中除了独角犀牛外，还有许多珍贵、奇特的动物，如大象、沼泽鹿、印度野牛、老虎和印度长毛熊等。公园内积聚了大量丰富的食料，所以每年都会吸引上百种候鸟到来，如塘鹅、雅典娜鱼鹰、山鹑、灰孔雀雉、大杂色犀鸟等，这使得公园成为了观赏鸟类的胜地。

卡齐兰加国家公园因为它独特的地理环境和园内的珍稀动物吸引了世界各地的游客。

卡帕多西亚奇石区

土耳其的卡帕多西亚奇石区位于伊斯坦布尔中部，是一片如月球般荒凉诡异的神秘区域。在奇石区你会看到意想不到的奇石，那些奇形怪状、到处林立的奇石被人们根据形状起了许多形象有趣的名字。

曾经有一句广告词令人难忘：想一尝"穴居"滋味吗？位于卡帕多西亚的"洞穴旅馆"绝对能令您大大满足！

乍听起来会觉得不可思议，但当你来到土耳其的卡帕多西亚奇石区，便会认为这句广告词根本不足以形容你的所见。

卡帕多西亚那一片具有如月球般荒凉诡异地貌的神秘区域，横亘于土耳其中部大陆，这片陆地拥有巨大蚁丘般的完美圆锥、岩石凿出的教堂和复杂的地下城市。土耳其中部的卡帕多西亚奇石区是在火山、风化和流水的侵蚀作用下形成的，火山喷发产生了层层堆积的火山灰、熔岩和碎石，形成了一个高于邻近土地 300 米的高台。火山灰经长期挤压，变成了一种灰白色的软岩，称为石灰华，上面覆盖着的熔岩硬化成了黑色的玄武岩。流水和霜冻使这些岩石皲裂，较软的部分被侵蚀掉，留下了一种月亮状地貌。它们由锥形、金字塔形的尖塔形岩体组成。这些形状奇特的奇石还被人们根据形状起了许多形象有趣的名字，像仙女峰、石骆驼等。

在卡帕多西亚的石锥和峭壁上挖凿的岩洞，曾居住过很多人。洞内四季如春，洞穴居民可以免受酷暑严寒之苦。在乌奇希萨尔的一块巨岩上开挖

那样奇异而美丽的奇石，那样独具特色的洞穴，恐怕除卡帕多西亚奇石区之外，再无他处可寻。

的洞穴大院里，可能住过上千居民。

姿态万千的卡帕多西亚奇石区内到处是林立的奇石，随处都能见到圆锥形、金字塔形，及风蚀蘑菇状，还有像在塔尖戴上帽子似的奇石，也有如被扭转的黏土状山丘。这些形状独特的石锥和岩石，从荒凉的山谷中突然耸入云霄，充满了神奇的色彩。奇石的颜色有艳黄、粉红、浅蓝，还有淡灰，奇诡而绚烂。

自然界精雕细刻、巧夺天工的神力，让所有来到卡帕多西亚奇石区的人都情不自禁地惊叹，尤其是奇石区内天然形成的洞窟，甚至远远胜于人工的雕琢，令人叹为观止。而且在奇石区内，几乎稍大些的奇石内都会隐藏着一个天然的洞穴，若不细看，你是不会找到的。

卡帕多西亚奇石区，以诡异、奇特的地貌而驰名世界。这个范围广大的奇石区已被列入《世界遗产名录》中。

红 海

　　提到海洋，我们就会将它与蔚蓝色联系起来，可你听说过有红色的海水吗？被科学家认为是世界上最年轻的海——红海，就是这样与众不同的海。这个海湾是世界上最好的垂钓、潜水去处。

　　红海位于非洲东北部与阿拉伯半岛之间，是亚洲与非洲的分界线。红海形状狭长，长大约一千九百千米，而最宽处才有三百多千米。红海北端被分成两个小海湾，西面海湾称为苏伊士湾，通过贯穿苏伊士地峡的苏伊士运河与地中海紧紧相连；东面海湾则被称为亚喀巴湾。红海的南端通过曼德海峡与亚丁湾、印度洋相连，成为

红海的沙滩是世界上最适合疗养度假的胜地之一。红海的沙滩不仅风景秀丽，而且其特色港口塞法杰的含盐量很高的海水和黑泥沙滩更有治疗风湿病、皮肤病的功效。

连接地中海和阿拉伯海的重要通道。红海的矿藏非常丰富，海底的软泥含有铁、锌、铜、铅、银、金等物质。红海虽然自古便为交通要道，但因沿岸多岩岛与珊瑚礁，曼德海峡狭窄而多风暴，所以不便航行，但港口也不少。

红海的位置和地位一直以来都是很重要的，自从公元1世纪希腊航海家打开了由红海到印度的航线后，直到1869年，苏伊士运河建成，红海逐渐变成各国争夺的对象，一战后，美、苏两国也将目光转向了红海和苏伊士运河。

红海沿岸海浪轻拍沙滩，微风轻拂水面，温柔而娴雅，每个到这里的人都会陶醉其中，流连忘返。

红海最特异的地方莫过于它的"热"了。地球上海洋表面的年平均水温是17℃，而红海的表面水温在8月份时竟然可达27℃～32℃，就算是200米以下的深水，也可达到21℃。最奇怪的是，在红海深海盆中，海底扩张使地壳出现了裂缝，岩浆沿裂缝不断上涌，海底岩石就被加热了，所以海水底部水温特别高，水温有时竟高达60℃。红海海水的含盐度很高，而且水温也很高，这是为什么呢？原来，这是由于红海处于热带沙漠气候区，它的年降雨量非常少，可是不协调的是，这里的蒸发量大得惊人，而红海周围却没有河流汇入，因此使红海海水入不敷出。不过印度洋的水流会来补给，而亚丁湾就成了调节红海水位的水库了。水从印度洋进入亚丁湾，再进入红海，补充它的不足。而红海的高温、高盐也不断流经曼德海峡的底层，冲向亚丁湾，于是红海就成了印度洋高温、高盐度的重要因素。

每当热风快速地向东面吹过来的时候，红海就立刻成为鸟的天堂，因为候鸟们也迁徙到了红海海滩。红海里还生活着五颜六色的鱼类、众多美丽

红海里多姿多彩的鱼类、生物资源非常丰富，美丽的珊瑚以及各种珍稀的海洋生物，加之红海的海水清澈见底，构成了红海吸引世界各地游人的又一道亮丽的风景线。

的珊瑚以及各种珍稀的海洋生物，生物资源非常丰富。红海的海水清澈见底，海天相接处，一片碧蓝。

许多人都会问红海为什么叫做"红海"？人们给出的答案却是众说纷纭，名字的来源早已无处查证了。"红海"一词的来源，大体有这几种说法：有人认为是因为红海两岸岩石的色泽，在远古时代，由于交通工具和技术条件的限制，人们只能驾船在近岸周围航行，就在这时，人们发现红海两岸，特别是在非洲沿岸，竟然是一片绵延不断的红黄色岩壁，太阳照在这些红黄色岩壁上，阳光又反射到海上，使海上闪烁出红光，红海因此而得名；有人认为也许是红海季节性出现的红色藻类，或者是因为红海附近的红色山脉；还有人说是因为古埃及称沙漠为红地，所以"红海"解释为"红地的海"；也有人说红海是世界上温度最高的海，适宜生物的繁衍，所以表层海水中大量繁殖着一种红色海藻，使得海水略呈红色，因而得名红海；还有学者研究后将红海的得名与气候联系在一起；而有的学者则认为古代西亚的许多民族用黑色表示北方，用红色表示南方，红海就是"南方的海"。

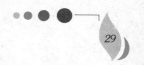
西伯利亚冻原

浩瀚无垠的西伯利亚冻原地带，位于地球北极的冰帽附近。那里土壤坚硬，温度极低，湖泊和沼泽星罗棋布，是耐寒动物的栖息之地。被称为"地下居住者"的猛犸就曾生活在这片寒冷的土地上。

冻原又称苔原，指在北极附近和温带山地树木线以上、生长着低矮植被和地下永冻层的地带。冻原气候寒冷，每年仅有极短的植物生长期，只有一些低矮耐寒的木本、多年生草本植物，以及苔藓和地衣生长。在地球北极的冰帽附近、俄罗斯北部，有一片寒冷的平原，这就是西伯利亚冻原。

西伯利亚冻原位于西伯利亚北部，沿北极冰盖边缘绵延 3200 千米，是一片广阔的大平原，为欧亚大陆最北部泰梅尔半岛的典型景观。在这里，湖泊和沼泽星罗棋布，大部分地区长满了苔藓。冻原的下层土都是永久冻土，最厚的冻土层深达 1370 米。不少猛犸的遗骸——包括完整的猛犸尸体保存在永久冻土层中，1799 年一名找象牙者在利纳半岛发现了一具几乎完好无损的猛犸尸体，直到 1803 年才完全挖掘出来，后来尸骨交给科学家进行研究，但一直未找到猛犸的灭绝原因。几个世纪以来，西伯利亚人从冻土中挖出很多猛犸的长牙卖给象牙商。

西伯利亚冻原的夏季十分短暂，每年有三个月太阳不落。即使在仲夏，阳光也很微弱，气温也只有 5℃左右。冬季有一段时间全是

漫漫长夜，冬季的极夜现象要比夏季太阳不落的时间短一些。在冬天的极夜时间里只能看到月光，偶尔还会见到极光。冬季的气温会降到－40℃以下，甚至更低。而夏季持续时间短，气温又低，所以留给植物开花和结果的时间很少。

猛犸象约生活在1万1千年前，最后一批猛犸象大约于公元前2000年灭绝。猛犸象曾是石器时代人类的重要狩猎对象，在许多原始洞穴遗址的洞壁上，常常可以看到早期人类绘制的猛犸的图像。

在泰梅尔半岛有许多地方都是龟裂冻原，这是一种特殊地貌，由垄埂把沼泽和小湖割成了不规则的蜂窝状。这是由于解冻和冰冻不断循环，最终使地面开裂形成的。在裂缝中形成的冰楔逐渐产生强大的压力，使地面凸起成垄状，解冻的泥土和融化的冰沿坡而下，聚成了湖沼。

西伯利亚冻原上虽然植被和动物不多，但是具有独特的价值。近几年，在浩瀚无垠的冻原内地，侦察队发现了丰富的钻石矿脉，冻原更加吸引着人们的眼球。

死 海

死海虽称海，但它实际上却是湖，它是所有天然湖泊中最咸的。死海是人类的朋友，人躺在水面也不会下沉，它还有护肤、治疗关节炎、镇静情绪等作用，它是人们游览、休养的极好选择。

死海位于约旦和巴勒斯坦之间一个南北走向的大裂谷的中段，是东非大裂谷的北部延续部分。死海湖面面积约一千零四十九平方千米，南北长80.4千米，东西最宽处17千米。死海无出口，进水主要靠约旦河，约旦河从北部注入。约旦河每年向死海注入5.4亿立方米水，另外还有4条不大却常年有水的河流从东面注入，由于夏季蒸发量大，冬季又有水注入，所以死海水位具有季节性变化，从30~60厘米不等，进水量大致与蒸发量相等，是世界上盐度最高的天然水体之一。

死海水面平均低于海平面约三百九十二米，是地球上最低的湖泊。

死海又叫盐海，这是地球心窝的一汪苦水。到过死海的人都尝到过死海的滋味，苦涩异常。死海的含盐量极高，它比一般的海水要咸10倍。在表层湖水中，每升的盐分达227~275克。最深处有的湖水已经化石化，据说湖底有约十三米厚的盐层。据估计，死海的总含盐

因为死海的含盐量极高，所以死海海水的浮力非常大，人掉入死海，都会被浮力托住而不会下沉。成千上万的人从世界各地来到死海，不光是为了游览，还为了恢复精力和健康。

量约有一百三十亿吨。湖中除细菌外没有动植物，涨潮时从约旦河或其他小河中游来的鱼马上就会死亡。

死海位于沙漠之中，降雨量极少且不规律。死海冬无冰冻，夏季非常炎热，造成湖水每年蒸发量都非常大，湖面上常常是雾气腾腾。死海地区的气温太高，导致每天从约旦河流入死海的水都不断蒸发，留下了更多的盐分。

死海是由于流入的河水不断蒸发、矿物质大量下沉而形成的。那么，为什么会出现这种情况呢？原因主要有两个。第一个原因，死海一带的气温很高，夏季平均可达34℃，最高达51℃，冬季也有14℃～17℃。气温越高，水的蒸发量就越大。第二个原因，这里干燥少雨，蒸发量是1400毫米左右，而年均降雨量只有50毫米。而且这里晴天多，所以日照强，雨水又少，补充的水量也是微乎其微，于是死海就这样慢慢形成了。在这样的水中，鱼难以生存，岸边也没有花草，因为它的荒凉，人们称其为死海。

近年来，美国和以色列的科学家们发现，死海湖底的沉积物中有海藻和细菌存在。就在这种最咸的水中，死海湖底的沉积物中居然仍有11种细菌和一种海藻生存。这样看来，死海并不"死"，它是有生命存在的。

关于死海的未来，一直存在着两种截然不同的看法：

第一种观点是，死海正在日趋干涸。死海本身的蒸发量大于降雨量，在漫长的岁月里，海水不断地蒸发浓缩，水越来越少，盐度自然也就越来越高。约旦河水是唯一向它供水的河流，但是近年来，约旦河被用于农业灌溉，自然减少了供水量，所以死海面临着水源枯竭的危险。这种观点认为，在不久的将来，死海将不复存在，真的"死"去。

第二种观点是从地质构造的角度来考虑的，死海位于著名的叙利亚—非洲大断裂带的最低处，而这个大断裂带目前还正处于幼年时期，将来的一天，死海底部会产生大裂缝，从地壳深处冒出海水，随着裂缝的不断扩大，将诞生一个新的海洋。

可实际数据证明，死海的面积正日益缩小，可见死海的实际情况是不容乐观的，而地质假说还没有更多的事实作为佐证。因此，死海的未来仍然是一个难解的谜题。

贝加尔湖

贝尔湖是世界七大奇观之一，其生物资源丰富，而且有很多美丽的景观，但如果你问它哪里最美，我们又很难具体说出哪儿才是最美的，因为所有的景色都美得让人无法形容。

贝加尔湖位于俄罗斯东西伯利亚高原南部，是俄罗斯容量最大、湖水最深的淡水湖。贝加尔湖的名称源自蒙古语，意为"富饶的湖泊"。湖上风景秀美、景观奇特，湖内物种丰富，是一座集丰富的自然资源于一身的宝库。贝加尔湖的形状犹如一弯新月，所以又有"月亮湖"之称。

贝加尔湖是世界上最深的湖泊，也是亚欧大陆最大的淡水湖。贝加尔湖是被第一批列入联合国教科文组织《世界自然遗产名录》的俄罗斯自然景观。

贝加尔湖地区植物生长茂盛，树木葱茏，覆盖率极高，可以说，当地的自然生态受到了最好的保护。

贝加尔湖是世界上最古老的湖泊之一，大约于两千五百万年前形成。贝加尔湖狭长弯曲，面积约三千一百五十平方千米，居世界第八位。该湖泊平均水深730米，最深处达1620米。在贝加尔湖周围，总共有大小336条河流注入湖中。虽然有许多条河流注入贝加尔湖，但只有一条河——安加拉河从湖泊流出。在冬季，湖水会冻结至一米以上的深度，历时4~5个月。

这里相对适宜的气候、美丽的风景、大量的自然和考古遗迹、不同种类的生物群、清新的空气、原生态环境以及独特的休闲资源使得贝加尔湖吸引了大量游客。

贝加尔湖上最大的岛屿是奥利洪岛，长71.7千米，最宽处15千米，面积约为七百三十平方千米。奥利洪岛是公元6世纪—10世纪最大的古文化中心，这里的民族传统、习俗，以及独特的民族特征，都被完整地保存了下来。

湖的沿岸生长着由松树、云杉、白桦和白杨等组成的密林，山地植被分为杨树、杉树和落叶树、西伯利亚松和桦树，植物种类有几百种。

贝加尔湖的景色季节性变化很大。夏天，尤其是8月，是它的黄金季节。湖水变暖，山花烂漫，甚至连石头也像山花一样绚丽，在阳光下闪烁着奇异的光；太阳把萨彦岭落满白雪的山峰照得光彩夺目，放眼望去，仿佛比它的实际距离移近了数倍；鱼儿也大大方方地相约在岸边，伴着海鸥的啾啾啼鸣在水中嬉戏。冬天，凛冽的风把湖水表面冻成晶莹透明的冰，看上去显得很薄，水在冰下缓缓流动，宛如从放大镜里看下去似的。

贝加尔湖被誉为"西伯利亚明眸"，因为这里的湖水透明度竟深达 40.5 米，而且湖水杂质极少，清澈无比。湖水清澈的原因据说是因为湖底时常发生地震，地震产生的化学物质沉淀下去，使湖水净化，所以贝加尔湖总是清澈见底。还有一个原因是，湖里生活着大量的钩虾等端足类动物，这类动物能够分解水藻和其他水生生物的尸体，从而使贝加尔湖具有"自体净化"功能。而且，贝加尔湖属于贫营养湖，水中的氮、磷等营养元素含量很低，所以藻类植物的密度也很小。所有因素的共同作用才使得湖水显得如此晶莹剔透。

美丽富饶的贝加尔湖，在世人心中，一直有着神奇的色彩！

欧 洲
OUZHOU

阿尔卑斯山脉

阿尔卑斯山脉有着晶莹的雪峰、葱郁的树林、清澈的山间溪流。它绵延起伏，色彩缤纷，并蕴涵着无数奇丽的自然景致，仿佛亭亭玉立的仙女，以妖娆妩媚的姿态展现在世人面前。

阿尔卑斯山是欧洲最高大、最雄伟的山脉。晶莹的雪峰、浓密的树林和清澈的山间流水共同组成了阿尔卑斯山脉迷人的风光。阿尔卑斯山脉西起法国东南部地中海岸，经瑞士南部、德国南部、意大利北部，东至奥地利维也纳盆地，总面积约二十二万平方千米，山脉绵延起伏，长 1200 千米，宽 120～200 千米，东宽西窄，最宽处可达 300 千米。

阿尔卑斯山山势高峻，平均海拔约在三千米左右，山脉主干向西南方向延伸为比利牛斯山脉，向南延伸为亚平宁山脉，向东南方向延伸为迪纳拉山脉，向东延伸为喀尔巴阡山脉。阿尔卑斯山脉可分为三段：西段是西阿尔卑斯山，从地中海岸经法国东南部和意大利的西北部，到瑞士边境的大圣伯纳德山口附近，为山系最窄部分，也是高峰最集中的山段。位于法国和意大利边界的勃朗峰是整个山

冬日的阿尔卑斯山白雪皑皑，冰川绵延数千里，银白色的山峰陡峭雄伟，是滑雪的最佳场所。

脉的最高点，在蓝天映衬下洁白如银；中段的阿尔卑斯山，介于大圣伯纳德山口和博登湖之间，山体最宽阔。这里的马特峰和蒙特罗莎峰也是欧洲比较著名的山峰；东段东阿尔卑斯山在博登湖以东，海拔低于西、中两段阿尔卑斯山。

阿尔卑斯山脉地处温带和亚热带纬度之间，因此它成为中欧温带大陆性湿润气候和南欧亚热带夏干气候的分界线，而它本身还具有山地垂直气候特征。山地气候冬凉夏暖，阳坡暖于阴坡。但高峰上全年寒冷，在海拔2000米处，年平均气温为0℃。山地年降水量一般为1200～2000毫米，但因地而异：海拔3000米左右为最大降水带；高山区年降水量超过2500毫米；背风坡山间谷地降水量只有750毫米。冬季山上有积雪，在勃朗峰3000米高处，年降雪达20米，但在莱茵河河谷的茵斯布鲁克，3月的积雪区向下延伸至海拔900米，5月间升高至1700米，9月升至3200米，再往上就是终年积雪区了。

这样明显的山地气候，使阿尔卑斯山脉的植被呈明显的垂直变化特征。这里可以分为亚热带常绿硬叶林带，即山脉南坡800米以下；森林带，即南坡800～1800米，下部是混交林，上部是针叶林；

阿尔卑斯山以其挺拔壮丽装点着欧洲大陆，可谓是一道亮丽的冰雪风景线，它是欧洲最大的山地冰川中心，"艾格尔峰""明希峰"和"少女峰"三大名峰均屹立在阿尔卑斯山脉。

森林带以上，即 1800 米以上为高山草甸带；再向上则大多是裸露的岩石和终年积雪的山峰。山区有居民居住，西部生活着拉丁民族，东部生活的是日耳曼民族。山里也可以看见很多动物，如阿尔卑斯大角山羊、山兔、雷鸟、小羚羊和土拨鼠等。

特殊的地理环境造就了它独特的景观：高山植物和雪绒花，岩洞中的石钟乳，湍急的瀑布，独特的动植物等，风光秀丽迷人；而那些角峰锐利，嶙峋挺拔的冰蚀崖、悬谷则呈现出一派极地风光。阿尔卑斯山地由于冰川作用又形成了许多湖泊，最大的湖泊是日内瓦湖，另外还有苏黎世湖、博登湖、马焦雷湖和科莫湖等，欧洲许多大河都发源于此，水力资源丰富，美丽的湖区是旅游、度假、疗养的胜地，吸引了无数的游客。

阿尔卑斯的草原和森林相间，地势广阔，水肥草美，牧马成群。山脚下，黄白相间的奶牛在悠闲踱步，红瓦尖顶的住家小屋仿佛漂浮在这姹紫嫣红的花海间。更有一些不知名的河流，颜色如晴空般的蓝，荡漾着雪山倒影。

阿尔卑斯山是欧洲的旅游胜地，世界著名的滑雪胜地——圣莫里茨高山滑雪场就位于阿尔卑斯山脉的中心地带，是世界最佳的高山滑雪场所，这里有海拔超过 3000 米的高山滑道，可以让你化身为白色世界里翱翔的雪域雄鹰。

冰　岛

冰岛又被称为"火山岛""雾岛"，是欧洲第二大岛屿。岛上空气清新纯净，自然风光奇特，有着千变万化的景观。游人在欣赏美景的同时又能品尝到海洋鱼类的美味，这便让人对冰岛平添了一份期待与向往。

冰岛即冰岛共和国的简称，它位于欧洲的西北部，靠近北极圈。它既是欧洲第二大岛屿，又是地球上唯一位于板块交汇处的岛屿。找遍地球的各个角落，不会发现第二个地区像冰岛这样有着千变万化的自然景观：冰川、热泉、间歇泉、活火山、冰帽、苔原、冰原、雪峰、火山岩荒漠、瀑布及火山口在这里都可以看到。这里尤其多火山和地热喷泉。

由于冰岛上多大冰川、火山地貌、地热喷泉和瀑布等，所以冰岛的旅游业很发达，许多人都慕名来到冰岛一睹它的极地风光和多样地貌。岛上的空气与水源的清新纯净在世界上堪称第一。冰岛对大多数探险爱好者来说是一个理想之地，许多人都到冰岛来探险，也有人是到此来疗养，呼吸新鲜空气，暂时逃离污浊而喧嚣的发达城市，因此，冰岛已成为人们放松精神的天堂。

冰岛面积 10.3 万平方千米，人口 27.21 万，全部是斯堪的纳维亚人。冰岛有"火山岛""雾岛""冰封的土地""冰与火之岛"之称。

雷克雅未克是冰岛首都和第一大城市，也是冰岛第一大港。它是

世界最北边的首都，是冰岛全国人口最多的城市。雷克雅未克有世上最为湛蓝的天空，那种蓝，纯净得近乎梦幻，让每个到这里的人都为它着迷。而且，这里市容整洁，几乎没有污染，有"无烟城市"之称。每当朝阳初升或夕阳西下，山峰便呈现出娇艳的紫色，海水变成深蓝，使人如置身于画中。

　　冰岛每年的六七月份有极昼现象，午夜常有阳光照耀，如同白昼，到了冬天，则刚好相反，有时整天月亮当头，不见太阳。在冰岛除了能欣赏到大自然之手创造的神奇景观，品尝海洋鱼类的美味，还可以尽情地享受精心策划的午夜高尔夫、出海观鲸、冰河漂流、深海垂钓、月球地貌探索等活动，令身心得到彻底的放松。

　　冰岛的一切如此神秘而又令人向往，它正张开热情的双臂欢迎每一个人的到来！

维苏威火山

被 称为"苏马山"的维苏威火山是欧洲大陆唯一的活火山。它有着悠久的历史。著名的庞贝古城就毁于它的喷发之下。山上草木稀疏，一派荒凉景象，然而即使如此，也难以阻止人们探寻的脚步。

维苏威火山位于意大利那不勒斯湾之滨，在那不勒斯市东南。维苏威火山海拔 1280 米，是欧洲大陆唯一的活火山，它也是意大利乃至全世界最著名的火山之一，世界上最大的火山观测站就设在此处。维苏威火山原本是海湾中一个普通的岛屿，因为火山爆发，喷发物质逐渐堆积，最终和陆地连成了一片。

维苏威火山是一座截顶的锥状火山。火山口周围是长满野生植物的陡壁悬崖，岩壁上还有缺口。从高空俯瞰维苏威火山的全貌，那是一个漂亮的近圆形的火山口，而这正是公元 79 年的火山大喷发形成的。

火山口的底部不长草木，是比较平坦的地带。在火山锥的外缘山坡上，覆盖着适合于耕作的肥沃土壤，因此在很久以前人类就开始在这里繁衍生息，逐渐形成了兴盛的赫库兰尼姆和庞贝两座繁荣

维苏威火山过去被称为苏马山或索马山，其古老山地的边缘部分呈半圆形，环绕在目前的火山口周围。

的城市。维苏威火山在公元前的喷发次数，并没有详细记载，但公元63年的一次地震对附近的城市造成了相当大的损失。从这次地震起一直到公元79年，小地震频繁发生，可是公元79年的一次大喷发，把附近的庞贝、赫库兰尼姆与斯塔比奥等城全部湮没，其他几个有名的海滨城市也遭到严重破坏。此后地震逐渐增多，强度也越来越大，多次发生火山大爆发。

公元79年的大爆发是最骇人的，开始时有一股浓烟柱从维苏威火山直线上升，后来逐渐向四面扩散，形状很像蘑菇云。蘑菇云里偶尔有闪电似的火焰穿插，火焰闪过后，是一段异常恐怖的黑暗。火山喷出黑色的烟云，炽热的火山灰石雨点般落下，有毒气体涌入空气中，火山灰飘扬得很远。赫库兰尼姆城因距火山口较近，被掩埋在二三十米下的火山灰中，个别地方深达三十多米，一些覆盖物和泥浆迅速填充到房屋内部和地下室内，赫库兰尼姆城从此消失无踪，一点痕迹都没有留下。一直到1713年，人们打井时无意打在了被埋没的圆剧场的上面，就这样发现了赫库兰尼姆和庞贝两座城市。在一些房屋的地下室里，发现了被埋在火山灰和泥石流中的人，这些人被包裹在火山灰和泥石流硬化了的凝灰岩中，这些姿态各异的尸体都被完好地保存着。

维苏威火山观测站建于1845年，位于火山附近。这是世界上最早建立的火山观测站，经过多年的发展，里面的设施已非常现代化：一楼大厅里的展板上介绍有关火山的知识，电脑上能够显示火山喷发过程的模拟图像。观测站的一楼和地下一层还建有火山博物馆，陈列着各种火山喷发物。玻璃柜中还展

示着从庞贝古城挖掘出来的"石化人"。

还有一个有趣的记载，1944年维苏威火山喷发时，从火山顶部的中心部位流出大量熔岩，喷出的火山砾和火山渣高出山顶约几百米。火山爆发的奇妙景观是很多人终生都难得一见的，当时同盟国军队与纳粹士兵正在激战，火山爆发的奇景使他们都忘记了战争，而争相跑去观看这一大自然的奇观。

一直以来，维苏威火山多次喷发，熔岩、火山灰、碎屑流、泥石流和致命气体夺去了不计其数的生命。尽管自1944年以来维苏威火山没再出现喷发活动，但平时维苏威火山仍不时地有喷气现象，这说明火山并未"死去"，而只是处于休眠状态。

虽然维苏威火山仍有喷发的可能，但是活火山周围依然居住着上百万的人口。火山上虽然荒凉、险恶，可是山脚下却遍布着果园和葡萄园，人们并未因害怕而远离这里。这里的人民防灾意识都比较强，而且维苏威火山观测站也起到了很大的作用。

日内瓦湖

风光秀丽的日内瓦湖像一弯新月横在沃州南缘。湖水碧蓝清澈，气候温暖宜人，有"游览者胜地"的美誉。举世闻名的人工喷泉，水柱擎天，在阳光的照耀下，呈现出时隐时现的彩虹，景象蔚为壮观。

日内瓦是瑞士的第二大城市，与和它同名的州突出于瑞士的西南端，北、西、南三面都是法国领土，就像伸入法国"海洋"中的一个半岛。日内瓦东北部与沃州接壤。而举世闻名的日内瓦湖像一弯新月横在沃州南缘，与法国形成了天然交界。湖的西头伸入日内瓦州，日内瓦市就环抱着湖的尖端。罗讷河也在这里从日内瓦湖流出，穿过日内瓦市，西行入法境，经里昂南折，在马赛汇入地中海。

日内瓦湖，法语称为莱芒湖，德语称根费尔湖。它是欧洲整个阿尔卑斯山区最大的湖泊，著名的冰碛湖之一。日内瓦湖位于瑞士西南部和法国东南部之间，是两国所共属。日内瓦湖呈月牙形状，最宽处有 13.5 千米，平均宽度为 8 千米，长 72 千米，面积为 581 平方千米，平均深 80 米，湖水最深处为 309 米。日内瓦湖的海拔高度为 375 米，四周群山环抱，山峰之上终年积雪，为湖泊提供了丰富的水源。此外还有罗讷河从东边注入湖中，自西端的日内瓦市流出。湖畔

日内瓦市的湖光山色，每个季节都很有吸引力，而且还有令人垂涎的美食、清新的市郊风景，以及众多的游览项目和体育设施。日内瓦市就是以这些特色著称于世。

和毗邻的地域，气候很温和，温差变化很小，有许多游览胜地。湖的南端是风光秀丽、白雪皑皑的山峦，山北广布牧场和葡萄园。虽然日内瓦湖四周有雪山环绕，但湖水却可以终年不冻。清澈的湖水倒映着洁白的雪山，使它成为一处驰名世界的风景区和疗养地。

日内瓦湖是由罗讷冰川形成的。湖身呈弓形，弓形的凹处向南。罗讷冰川消融后，形成了罗讷河，它是吐纳日内瓦湖水的主要河流。人们习惯将日内瓦湖分为两部分：东为格朗湖，西为珀蒂湖。湖水清澈碧蓝，水面上有明显的上下波动的湖震现象，湖水从此岸至彼岸有节奏地往返动荡。

日内瓦的旅游景点，最出名的应当算是日内瓦湖的大喷泉。一到春天，就可以从日内瓦湖上看见一柱擎天的水柱，就像鲸鱼喷出的水柱一样，这就是日内瓦著名的大喷泉。位于市中心旁边的日内瓦湖，沿岸围绕着美丽的花园和公园。这个喷泉是人工制造的，是世界上最大的人工喷泉。它每次可喷出高 140 米，约五百升水量的喷泉，这是由 130 马力的电力推动的壮观景象。这个喷泉能成为世界奇景，其实也属偶然。20 世纪末，当地人为了缓解水力发电厂水量过于充沛的现象，装上了抽水机，为的是把水抽出发电厂。久而久之，竟然成了观光胜地，更成为世界奇观。现在从日内瓦的各个方位都可以望得见它，因此，大喷泉成为日内瓦最具代表性的景观，成为这个城市的标志。

优雅的白天鹅和无忧无虑的水禽是日内瓦湖的一大亮点，放眼望去，群群白鸽在湖畔倘佯；入夜后，两岸无数霓虹灯映照在湖面上，使湖水大放异彩，别有一番风趣。

5 月是来日内瓦湖旅游的最好时期。每到 5 月，整个日内瓦湖区就会浸润在春天的色彩里。碧蓝的湖水，以及与湖水一样碧蓝的天空，让你感觉天与地仿佛是分不开的整体。走在山间大片大片的葡萄林里，穿过湖畔一丛一丛无比艳丽的天竺葵，浪漫的遐想牵着你的思绪，走进迷离的梦境。古堡、山花、淡月、春水，仿佛传说中的湖畔女神邀你共赏美景。

比利牛斯山脉

比利牛斯山脉的自然风光绚丽多姿，是举世闻名的旅游胜地，也是从事登山滑雪等体育运动的好地方。来此参观旅游的人络绎不绝，西班牙的托尔拉和法国的加瓦尔尼村庄是最亮丽的景点。

雄伟壮观的比利牛斯山脉是法国与西班牙两国的界山，是阿尔卑斯山脉向西南的延伸部分，是欧洲西南部最大的山脉。它西起大西洋比斯开湾，东迄地中海利翁湾南。长 435 千米，一般宽 80～140 千米，一般海拔在 2000 米以上，以海拔 3352 米的珀杜山顶峰为中心，面积达 306.39 平方千米。

比利牛斯山脉按自然特征分三段：西比利牛斯山，从比斯开湾畔到松波特山口，大部分都是由石灰岩构成，平均海拔不到 1800 米，降水丰沛，是法国和西班牙之间的通道；中比利牛斯山，从松波特山口到加龙河上游的河谷，山势最高，群峰竞立，仅海拔 3000 米以上的山峰就有 5 座；东比利牛斯山，从加龙河上游到利翁湾南，也叫地中海比利牛斯山，是由结晶岩组成的块状山地，有海拔较高的山间盆地，离地中海岸约四十八千米处有海拔仅 300 米的山口，是南北交通要道。

比利牛斯山脉北部山坡的气候类型属于温带海洋型，年降水量是 150～200 厘米，植被有山毛榉和针叶林。南部山坡则属于亚热带夏干型气候，年降水量为 50～70 厘米，植被类型为地中海型硬叶常绿林和灌木林。具有明显的垂直变化规律。在海拔 400 米以下，有典型地中海型植物石生栎、油橄榄、栓皮栎；海拔 400～1300 米，是落叶林分布带；海拔 1300 米～1700 米，是山毛榉和冷杉混交林带；海拔 1700～2300 米，是高山针叶林带；海拔 2300 米以上，是高山草甸；海拔 2800 米以上，为冰雪覆盖；海拔 3000 米以上，为现代冰川。

山区的自然风光秀丽，是举世闻名的旅游胜地，也是开展登山滑雪等冬季体育活动的好地方。来此参观旅游的人络绎不绝，其中西班牙的托尔拉和法国的加瓦尔尼村庄是两处最吸引人的亮丽景点。位于加瓦尔尼的古罗马圆形剧场看上去格外幽雅，具有登山爱好者所钟爱的岩石表面和壮观的瀑布。

总之，比利牛斯山脉所特有的旖旎的自然风光，以及恬静的田园生活方式，都会令游人流连忘返。

非洲

FEIZHOU

撒哈拉沙漠

撒哈拉沙漠的气候条件极其恶劣，因此有人称它为"地球上最不适合生物生长的地方"之一。可能正是因为它的荒凉、孤寂，所以它才能成为探险家心目中"世界十大奇异之旅"之一。

撒哈拉，阿拉伯语意为"大荒漠"，是从当地游牧民族图阿雷格人的语言引入的。撒哈拉沙漠位于非洲，是世界上最大的沙漠，也是世界上除南极洲之外最大的荒漠，它西临大西洋，东接尼罗河及红海，北起非洲北部的阿特拉斯山脉和地中海，南至苏丹草原带，东西长 4800 千米，南北宽 1300 ~ 2200 千米。

撒哈拉沙漠大约形成于 250 万年以前，形成原因有很多。首先，北非与亚洲大陆紧邻，东北信风从东部陆地吹来，此地不易形成降水，使北非天气非常干燥；北非海岸线平直，东侧有埃塞俄比亚高原，阻挡了湿润气流，使得广大内陆地区不会受到海洋的影响；因

撒哈拉沙漠几乎占满了整个非洲北部地区，它的总面积几乎容得下整个美国本土。撒哈拉沙漠是世界上阳光最多的地方。

骆驼可以分为两种，双峰骆驼四肢粗短，更适合在沙砾和雪地上行走。单峰骆驼比较高大，在沙漠中能走能跑，可以运货，也能驮人。撒哈拉沙漠的骆驼，全部为单峰驼。

为北非位于北回归线两侧，常年受到副热带高气压带的控制，盛行干热的下沉气流，而且非洲大陆南窄北宽，受副热带高压带控制的范围大，干热面积很广；北非西岸有加那利寒流经过，对西部沿海地区起到降温减湿的作用，使沙漠逐渐逼近西海岸；再加上北非地形单一、气候单一、地势平坦、起伏不大，于是形成了大面积的沙漠。

撒哈拉沙漠的干旱地貌类型多种多样。主要由石漠、砾漠和沙漠组成。石漠，即岩漠，多分布在地势较高的地区，如在撒哈拉东部和中部，尼罗河以东的努比亚沙漠主要也是石漠。沙漠的面积最为广阔。

撒哈拉沙漠中比较有名的是奥巴里沙漠、利比亚沙漠、阿尔及利亚的东部大沙漠和西部大沙漠、比尔马沙漠、舍什沙漠等。人们把面积较大的沙漠称为"沙海"，沙海是由复杂而有规则的大小沙丘排列而成的，形态复杂多样，有高大的固定沙丘，还有较低的流动沙丘，也有大面积的固定、半固定沙丘。从利比亚往西直到阿尔及利亚的西部是流沙区，流动沙丘顺风向不断移动。以前在撒哈拉沙

漠曾有流动沙丘一年移动 9 米的记录。

　　撒哈拉很多广阔地区内没有人迹，只有绿洲地区有人定居。在这极端干旱缺水、土地龟裂、植物稀少的旷地，却有过繁荣昌盛的远古文明。在沙漠地带发现了大约有三万幅古代的岩画，其中有一半左右在阿尔及利亚南部的恩阿杰尔高原，描绘的都是河流中的动物，如鳄鱼等。还有一些壁画上有划着独木舟捕猎河马的场面，这说明撒哈拉曾有过水流不绝的江河。从这些动物图画可以推想出古代撒哈拉地区的自然面貌。

　　虽然撒哈拉地区的气候十分恶劣，但仍然有人类居住。以阿拉伯人为主，其次是柏柏尔人等。现在还有大约二百五十万人生活在这个区域内，主要分布在毛里塔尼亚、摩洛哥和阿尔及利亚。20 世纪 50 年代以来，沙漠中陆续发现丰富的石油、天然气、铀、铁、锰、磷酸盐等矿产。随着矿产资源的大规模开采，该地区一些国家的经济面貌得以改变。

　　人们还曾经在这里发现过恐龙的化石。现在的撒哈拉自从公元前 3000 年起，除了尼罗河谷地带和分散的沙漠绿洲附近，已经几乎没有大面积的植被存在了。

　　自古以来，撒哈拉这个孤寂的大自然，拒绝人们生存于其中，撒哈拉沙漠犹如天险阻碍着探险者的脚步。风声、沙动支配着这个壮观的世界，风的侵蚀，沙粒的堆积，造就了这片极干燥的地表。

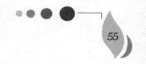

东非大裂谷

由于地壳下沉而形成的东非大裂谷，在很多人的印象中是荒草漫漫、渺无人烟之地。然而，事实上它却是一处气候宜人、牧草丰美、花香阵阵、物产丰富的美丽地方，同时它还是人类文明的摇篮之一。

东非大裂谷位于非洲东部，是世界大陆上最大的断裂带。大裂谷自叙利亚向南，延伸数千千米。大体来说，东非大裂谷北起西亚，从靠近伊斯肯德仑港的土耳其南部高原开始，南抵非洲的东南部，一直延伸到贝拉港附近的莫桑比克海岸。整个大裂谷跨越五十多个纬度，总长约七千千米，人们称它是"地球上最大的一条伤疤"。

裂谷谷底大多比较平坦，裂谷带宽度较大。两侧是陡峭的断崖，谷底与断崖顶部的高差从几百米到两千米不等。西支的裂谷带大致沿维多利亚湖西侧，由南向北穿过坦噶尼喀湖、基伍湖等湖泊，逐渐向北，直至消失。东非裂谷带两侧的高原上分布有众多的火山，如乞力马扎罗山、肯尼亚山、尼拉贡戈火山等，谷底还有呈串珠状的湖泊约三十多条，这个地堑系统还包括红海和东非的一些湖泊在内。这些湖泊大多为水深狭长，其中坦噶尼喀湖是世界上最狭长的湖泊，也是世界第二深湖，仅次于北亚的贝加尔湖。

裂谷带的湖泊水色湛蓝，植被茂盛，野生动物众多，长颈鹿、大象、河马、犀牛、羚羊等动物都在此栖居。科尼亚、坦桑尼亚等国已将这些地区开辟为野生动物自然保护区。

大裂谷是一种特殊的地貌，形态奇特，地质作用错综复杂，矿产丰富，化石繁多，一直是地理、地质、古生物学家和考古学家们研究的重点。

东非大裂谷是世界上最大的一条裂谷，其独特的地质地貌在地球上绝无仅有。有许多人在没有见到东非大裂谷之前，认为那里一定是一条狭长、黑暗、恐怖、阴森的断涧，其间怪石嶙峋，渺无人烟，荒草漫漫。其实，裂谷实际上完全是另外一番景象：远处茂密的原始森林覆盖着连绵的群峰，山坡上长满仙人球；近处草原广袤，翠绿的灌木丛散落其间，花香阵阵，野草青青，草原深处的几处湖水波光粼粼，山水之间，白云飘荡；裂谷底部，平整坦荡，牧草丰美，林木葱茏，生机盎然。

东非裂谷不是像美国的大峡谷那样由河流冲刷而成，而是因为地壳下沉，形成了一个两边峭壁相夹的沟谷平地，这在地貌上称"地堑"。有人在研究肯尼亚裂谷带时注意到，两侧断层和火山岩的年龄，随着离开裂谷轴部距离的增加而不断增大，从而他们认为这里曾是大陆扩张的中心。大陆漂移说和板块构造说的创立者及拥护者竞相把东非大裂谷作为支持他们理论的有力证据。根据20世纪60年代美国"双子星"号宇宙飞船的测量，在非洲大陆上，裂谷每年加宽几毫米至几十毫米；裂谷北段的红海扩张速度达每年两厘米。

1978 年 11 月 6 日，地处吉布提的阿法尔三角区地表突然破裂，阿尔杜克巴火山在几分钟内突然喷发，并把非洲大陆同阿拉伯半岛隔开1.2 米。

一些科学家指出，红海和亚丁湾就是这种扩张运动的产物。他们还预言，如果照这种速度继续下去，再过两亿年，东非大裂谷就会被彻底撕裂开，产生新的大洋，就像当年的大西洋一样。但是，也有反对板块理论的人，他们认为这些理论都是危言耸听。他们说大陆和大洋的相对位置无论过去和将来都不会有重大改变，地壳活动主要是上下的垂直运动，裂谷不过是目前的沉降区而已。在它接受了巨厚的沉积之后，将来也可能转向上升运动，隆起成高山而不是沉降为大洋。东非大裂谷未来的命运究竟会如何呢？作为"地球上最长的伤疤"，我们对它的了解还不够多，无法给世人一个确切的答案。

西非原始森林

西非原始森林，林木葱郁，野生动植物种类繁多。此处是非洲这个野性天堂里最后一片重要的热带原始丛林。它堪称地方性物种的巨大宝库。其中以塔伊和科莫埃两大原始森林最具代表性。

西非茂密的热带原始森林，可以说是地方性物种的巨大宝库。西非是热带原始森林景观保存较为完好的地区，那里树林茂密，野生动植物种类丰富多样。其中塔伊和科莫埃两大原始森林区是其最典型的代表。

终年高温、雨水丰沛和季节变化不明显是热带雨林的最大特点。这里天气闷热，空气湿度较大。由于高温多雨，热带雨林地区的植物生长迅速而茂密，到处都是翠绿欲滴的原始丛林。

塔伊国家公园是非洲重要的热带原始森林，它以低雨林植被而闻名世界，并于 1982 年被列入《世界遗产名录》。由于非洲地区的气候特征，塔伊公园生长着两种森林：一种是由单性大果柏构成的原始森林，一种是由柿树所形成的原始森林。这两类森林区，都是地方性植物种类的巨大宝库。

塔伊公园森林里的黑猩猩站直时身高通常约为 1～1.7 米，体重 35～60 千克，雄性比雌性更为强壮。除了面部，它们身上覆着棕色或黑色的毛，年纪小的黑猩猩面部是粉红色或是白色，而成年黑猩猩的身体和面部皮肤都是黑色的。最

西非国家公园的原始森林中有着丰富而珍贵的动植物种群，具有重大的科研价值，一直为动植物学家和古生物学家所钟爱。

近几十年，由于人类猎杀，采伐树木、开垦耕地以及商业性出口，野生黑猩猩的数量正在逐渐减少，已经成为濒危物种。在西非的原始森林里，栖息地破坏、传染病和非法捕猎使黑猩猩和大猩猩居住的洞穴数量在过去20年里减少一半，以这个速度发展下去，大约三十年后黑猩猩将会从地球上消失。

此外，还有一种罕见的物种也生活在塔伊国家公园，那就是穿山甲。人们在白天是很难见到它们的，它们常于夜间活动，还能短时间地游泳。这里的穿山甲头短，眼睛小，有厚厚的眼睑，嘴长而无牙，舌头长而且很灵活。它们的全身几乎全部覆盖着重叠的浅褐色鳞片，5个脚趾都生有利爪。穿山甲主要以白蚁为食，有时也吃其他昆虫。它们靠嗅觉来判断捕食对象的位置，并用前脚扒开对方的巢穴，取出食物。

塔伊国家公园因其丰富的地方物种和一些濒临灭绝的哺乳动物而具有极大的科研价值。因此在1926年，这里建立了莫耶—卡瓦利森林区保护公园，1933年又将这一公园改为物种专门保护区。迄今为止，塔伊国家公园是地球上所剩无几的热带原始森林地区之一，它以独有的景致和丰富的自然资源吸引着各国游客的目光。

科莫埃原始森林地处科特迪瓦北部，坐落在苏丹和亚苏丹草原

　　西非最大的自然保护区——科莫埃国家公园，因其动物和植物繁多，在 1983
年被列入《世界遗产名录》。

上，面积 11500 平方千米，大部分处于海拔 200～300 米的丘陵地
带，有科莫埃河和沃尔特河蜿蜒流过。

　　科莫埃自然保护区是苏丹草原和亚林地区之间的过渡地带，它
尤为突出的特点是风景多样，并且生长有南方植物。科莫埃河流贯
穿其中，在 230 千米长的河岸两边有一条由茂密的原始森林形成的
绿色甬道。除此之外，这里的牧草林木和灌木混生大草原里，既有
以柏树为主的稀疏树群，也有茂密的旱林和雨林，这种环境让许多
生活在南部的动物集体迁居到北方来。现在，公园里有 11 种灵长类
动物，21 种偶蹄类动物，17 种食肉类动物，园内的爬行类中还有 10
种蛇和 3 种鳄鱼，飞禽的种类更是数不胜数。

　　人们应该意识到保护雨林的重要性，使它作为人类独一无二的
宝藏而一直传承下去。

乞力马扎罗山

乞力马扎罗山是非洲第一高山。素有"非洲屋脊""非洲大陆之王""非洲之巅"的美称。长久以来，乞力马扎罗山以其浪漫、神秘和美丽享誉"非洲之巅"的美称。长久以来，乞力马扎罗山以浪漫、神秘和美丽享誉世界，吸引着千千万万的登山爱好者。

乞力马扎罗山是非洲第一高山，位于坦桑尼亚乞力马扎罗东北部，邻近肯尼亚，被称为"非洲之巅"，海拔 5895 米，山周边 756 平方千米的范围是乞力马扎罗国家公园。

"乞力马扎罗"是斯瓦希里语，意思是"明亮的山峦"，历史上曾属肯尼亚，殖民时代英国女王将其作为礼物赠送给了德国皇帝。所以基博峰还被德国人称为"威廉皇帝峰"。七十多年前，美国著名作家海明威曾慕名来到乞力马扎罗山脚，激情赞叹："广袤无垠，嵯峨雄伟，在阳光下闪着白光，白得令人难以置信。"主峰基博峰从 5000 米往上，温度经常保持在 −34℃ 左右，山顶终年大雪飘飞，而且积雪经久不化，在赤道线上强烈阳光照射之下，白皑皑的雪冠光华四射，形成赤道雪山的异景奇观。

被誉为"赤道雪峰"的乞力马扎罗山位于赤道附近的坦桑尼亚东北部。在赤道附近"冒"出这一晶莹的冰雪世界，世人称奇。这里绿草如茵，树木苍翠，斑马和长颈鹿在草原上漫游……

乞力马扎罗山向来有"非洲屋脊"之称，而许多地理学家则喜欢称它为"非洲之王"。辽阔的非洲大陆整体上是一块古老的高原，高原上广布沙漠，坦荡辽阔。但乞力马扎罗山却卓尔不群，它在大高原上突兀耸天，气势非凡。乞力马扎罗山的"孤"为乞力马扎罗国家公园平添了胜景与魅力。其次，世界其他各大洲的最高山峰，都是直接构成一系列山脉的基干，或是矗立在山脊线的近旁，和同一山系的众多峰峦连成一体，总的轮廓看去，声势浩大，绵延不绝。可是乞力马扎罗山左边与东非大裂谷为邻，根本没有山系可言。它突兀而起，孑然耸立于方圆几十千米的地段内。这也许是许多地理学家把它称为"非洲大陆之王"的原因吧。

远远望去，乞力马扎罗山在辽阔的东非大草原上拔地而起，高耸入云，气势磅礴。而实际上，乞力马扎罗山有两个主峰，一个叫基博，另一个叫马文济，两峰之间由一个 11 千米长的马鞍形的山脊相连。

乞力马扎罗山由希拉、马文济、基博三座活火山喷发后连成一体而形成。它不仅是非洲最高的山，还是世界上最大的火山之一，同时也是最易于登顶的世界高峰之一。任何人都可以在向导的帮助下，花 5 ~ 6 天时间征服这座山。

几乎没有人真的相信在赤道附近居然有这样一座覆盖着白雪的

山，所以在过去的几个世纪里，乞力马扎罗山一直蕴涵着神秘而迷人的色彩。它在坦桑尼亚人心中神圣无比，很多部族每年都要在山脚下举行传统的祭祀活动，跪拜山神，以求平安。在酷热的日子里，从远处望去，蓝色的山基十分赏心悦

目，白雪皑皑的山顶似乎在空中盘旋，缥缈的云雾伸展到雪线以下，更是增添了一种奇妙的幻觉。乞力马扎罗山靠近赤道，在这样一个地方矗立着一座雪山，确实令人称奇。其实理由很简单，乞力马扎罗山上的积雪源于它的高海拔。赤道附近虽然气候炎热，但随着地势的增高，气温逐渐降低，一般地势每升高 1000 米，气温就相应地降低 6℃左右。所以乞力马扎罗山 5000 米以上的海拔高度使得山顶的气温常在 0℃以下，因而积雪终年不化，进而形成了这样的自然奇观。

根据气候的山地垂直分布规律，乞力马扎罗山从山顶至山脚，基本为冰原气候至热带雨林气候。从山麓到山顶依次分布着热带、亚热带、温带和寒带的各种植被和动物，几乎囊括了两极至赤道的基本植被。所以尽管乞力马扎罗山山顶还是冰天雪地，山脚下却是一片热带风光，使得山麓与山顶仿佛就是两个世界。这座山峰因为极其优美的自然景色而被誉为"赤道上的白雪公主"。

马尼亚拉湖国家公园

被著名作家海明威描述为"非洲最可爱的地方"的马尼亚拉湖，是众多鸟类的天堂，也是猴子的天堂，但它也有让人恐惧的地方，那就是这里碱性极高的湖水，可以透过人的皮肤，侵蚀肌肉，伤害身体。

马尼亚拉湖是坦桑尼亚北部的一个内陆湖，位于东非大裂谷内，在阿鲁沙西南96千米处。它由断层陷落而成，东西宽16千米，南北长48千米，面积325平方千米。

美国著名作家海明威曾把马尼亚拉湖描述为"非洲最可爱的地方"。每年的一定时期，火烈鸟云集湖区，绵延数千米，十分鲜艳亮丽。这里还生活着大象、长颈鹿、野牛、狮、猴子等动物。这座公园以会上树的狮子、会爬树的巨蟒和浅色火烈鸟闻名，园内还蕴藏着天然食盐、碱以及鸟粪层等自然资源。公园于1960年被开辟为野生动物园。

坦桑尼亚北方，马尼亚拉湖附近，有一个叫"姆托瓦姆布"的小镇。姆托瓦姆布是斯瓦希里语，意思是"蚊子河"。正如河的名字一样，一到夜间，无数的蚊子把河看成是自己的老家，肆无忌惮地在那里嗡嗡乱叫，绕着圈飞。

通过稀疏零散的灌木丛和干透了的草原，可以到达埃雅鲁卡。据说大约五百年前，还有人在这样荒凉的地方居住过，作为当时房屋证明的大石壁还到处残留着。令人费解的是，建筑物竟然是很华丽的。

马尼亚拉湖是个游览胜地，也是众多鸟类的栖息地。

临近湖边，微微的苏打气味便扑面而来。在眼前出现的，却是一个不可思议的世界。湖水咕嘟咕嘟冒着泡沫，像红色绘画颜料溢出来似的，从山上流进湖里的水也含有一定比例的碱，不能当做饮用水来喝。这里是一片荒芜的世界，随处可见藏青色的、天蓝色的乃至紫黑色的污垢，像月亮表面隐约出现的黑影一般。湖后边是海拔3100米的活火山——伦盖火山，右侧耸立着盖拉伊山，还可以看见恩戈罗火山，在高山火山的衬托下，湖更显得阴森恐怖。在湖边，无论面对哪个方向，都没有树木一类可以依靠的东西，只有灰色的火山灰笼罩着一切。若是赶上旱季，天热得像下了火，阵阵热风吹来，让人觉得连呼吸都很艰难。

在这阴森可怕的氛围里，只有一样东西与之很不相称，那就是活跃在湖面上数量达几十万只，一望无际的粉红色火烈鸟。它们成群地聚集在湖面上，几乎连一点空隙也没有。在那粉红色的大群里，即使是刚刚孵出来、一身灰色的小小的雏鸟也可以看得很清楚。火烈鸟

本来是粉红色的，到了孵化幼雏时期，周身变得更加红艳，因而更加美丽，给这一带营造了春意盎然的气氛。

纳特龙湖的水只有30厘米深，是个浅湖，然而全湖的深度非常均匀，无论走到哪里都没变化，这对于火烈鸟来说非常有利。为了保护幼雏，避免被鬣狗和胡狼等猎食动物伤害，它们便站在湖中间孵卵，这里各方面的条件对火烈鸟来说都是最适宜的，也是最安全的。火烈鸟是以青色的藻类为食，而这种藻类只在苏打湖才有。它们吃藻的时候，把自己的脚跟露出一部分，把脑袋弯回来，用喙捞藻吃。喝水时，就找从山上流下来的稍微带点苏打的水来喝。由于纳特龙湖有这些适合火烈鸟繁殖生长的特殊条件，所以它们每年都会不远千里而来。

在纳特龙湖边游玩应尤为注意一点，就是不能随便下水。因为苏打会透过皮肤侵蚀肌肉，如果长时间站在苏打水里，会对身体造成极大的伤害，严重时甚至有可能截肢。

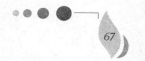
维多利亚瀑布

传说，在维多利亚瀑布的深潭下有一群美丽的仙女，人们听到的轰鸣声，看到的七色彩虹、漫天云雾都是仙女们的杰作。这虽是传说，但足见在人们心中，维多利亚瀑布是多么雄奇壮美、神秘莫测。

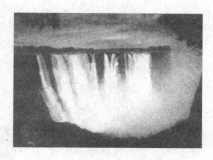

在非洲南部的赞比亚和津巴布韦接壤处，赞比西河上游和中游交界处，宽阔的赞比西河滔滔东流，至马兰巴近处，突然被百米深谷拦腰截断，满江河水犹如万马奔腾，以排山倒海之势，倾泻而下，直冲谷底，撞击声轰鸣四野，声闻几十里，水雾四处飞扬，升腾数百米，蔚为壮观。这就是世界三大瀑布中最为雄伟壮阔的维多利亚瀑布。

维多利亚瀑布被赞比亚人称为莫西奥图尼亚，津巴布韦人则称之为"曼古昂冬尼亚"，两者的意思都是"声若雷鸣的雨雾"（或"轰轰作响的烟雾"）。瀑布的宽度超过2000米，奔入玄武岩峡谷，水雾形成的彩虹在20千米以外就能看到。地球上很少有这样壮观而令人生畏的地方。

赞比西河流经赞比亚与津巴布韦边界时，两岸草原起伏，散布着零星的树木，河流浩浩荡荡向前进，并无出现巨变的迹象。这一段是河的中游，宽达1600米，水流舒缓。突然河流从悬崖边缘下泻，形成一条长长的白练，以无法想象的磅礴之势翻腾怒吼，飞泻至狭窄嶙峋的陡峭深谷中，其景色极其壮观！倾注的河水产生一股上升气流，人站在瀑布对面悬崖边，手上的手帕都会被这强大的上升雾气卷至半空。

　　赞比亚的中部高原是一片300米厚的玄武熔岩，熔岩于两亿年前的火山活动中喷出，那时还没有赞比西河。熔岩冷却凝固，出现格状的裂缝，这些裂缝被松软物质填满，形成一片大致平整的岩席。约在五十万年前，赞比西河流过高原，河水流进裂缝，冲刷掉裂缝中的松软物质形成深沟。河水不断涌入，激荡轰鸣，直至在较低边缘找到溢出口，注进一个峡谷。第一道瀑布就是这样形成的。但这一过程并不就此结束，在瀑布口下泻的河水逐渐把岩石边缘最脆弱的地方冲刷掉。河水不停地侵蚀断层，形成与原来峡谷成斜角的新峡谷。河流一步步向后斜切，遇到另一条东西走向的裂缝，再次把里面的松软物质冲刷掉。整条河流沿着格状裂缝往后冲刷，在瀑布下游形成"之"字形峡谷网。

　　现在人们看到的维多利亚瀑布实际上分为5段。位于最西边的是"魔鬼瀑布"，最为气势磅礴，以排山倒海之势直落深渊，轰鸣声震耳欲聋，强烈的威慑力使人不敢靠近。"主瀑布"在中间，主瀑布高122米、宽约1800米，落差约93米。其流量最大，中间有一条缝

维多利亚瀑布位于非洲赞比西河中游，为世界著名瀑布奇观之一。1989年被列入《世界遗产名录》。

隙；东侧是"马蹄瀑布"，它因被岩石遮挡为马蹄状而得名；像巨帘一般的"彩虹瀑布"则位于"马蹄瀑布"的东边，空气中的水点折射阳光，产生美丽的彩虹。彩虹瀑布即因时常可以从中看到七色彩虹而得名。"东瀑布"是最东的一段，该瀑布在旱季时往往是陡崖峭壁，雨季才成为挂满千万条素练的瀑布。

飞流直下的这5条瀑布都泻入一个宽仅400米的深潭，酷似一幅垂入深渊中的巨大的窗帘，瀑布群形成的高几百米的柱状云雾，以及飞雾和声浪能飘送到10千米以外，声若雷鸣，云雾迷蒙。数千米外都可看到水雾在不断地升腾，因此它被人们称为"沸腾锅"，那奇异的景色堪称人间一绝。

维多利亚瀑布以它的形状、规模及声音而举世闻名，堪称人间奇观。而瀑布附近的"雨林"又为维多利亚瀑布这一壮景平添了几分姿色。"雨林"是面对瀑布的峭壁上一片长年青葱的树林（不过周围的草原在干旱季节时会失去绿色），它靠瀑布水汽形成的潮湿小气候长得十分茂盛。铺设于瀑布区的网状步道，穿梭在浓密的雨林间，可保护雨林生态免受破坏，并引导游客到各景点赏瀑。漫步于布满水汽的热带雨林步道，非洲炎热的天气也立刻变得清爽凉快。步行于热带雨林，可欣赏雨林特有的植物：乌檀木、蕨类、无花果、藤蔓植物及各式各样的花卉植物。

卡盖拉国家公园

卡盖拉国家公园是卢旺达最大的野生动物保护区，位于卢旺达的东北部，以秀丽的风光、宜人的气候和珍奇的野生动物享誉世界，是卢旺达著名的旅游胜地。

如果去非洲，那么素有"千丘之国"美称的卢旺达是一定要去的。卢旺达的山不高，但山清水秀，环境优美。而位于卢旺达东北地区的卡盖拉国家公园是卢旺达最大的野生动物保护区，因其自然条件优越而哺育了大量珍奇的野生动物，加之其风景优美，便成为卢旺达著名的旅游胜地，是游人难得一见的好去处。

卡盖拉国家公园建于1934年，占地面积达2500平方千米，几乎占国土面积的1/10。卢旺达被巨大的山峰所分割，山峰从北到南横跨过去。西部从基伍湖笔直地升起于伯安隔火山，下降成多丘陵的中部高原，然后进一步围绕着卡盖拉河高地向东形成沼泽湖，这就是著名的卡盖拉国家公园。公园里基本都是热带草原气候。年降雨量为1200～1600毫米，森林约占全国面积的21%，有锡、钨、铌、钽等矿物。公园地势西高东低，山地和高原很多。东部、南部海拔在1000米以下，多湖泊和沼泽。中部海拔1400～1800米，多

是浑圆的低丘。最高峰卡里辛比山海拔 4507 米，水网较稠密，卡盖拉河、尼瓦龙古河、基伍湖等为主要河流。可以说，园内山峦起伏，河流纵横，大小湖泊共有 22 个，体现出了湖中有岛，岛中有湖的景观。

因为有足够的水源，整个公园草肥水美，成为野生动物繁衍生息的理想世界。

站在公园的姆丹巴山上，就可以把园内湖光山色尽收眼底。山坡上灌木丛生，树高林密。山谷间镶嵌着大小湖泊，湖周围是绿树成荫、鲜花盛开的山峦。顺着山谷向东远望，卡盖拉河像一条银色的带子，沿着东部边界蜿蜒伸展。卡盖拉河是非洲的东部河流，源出布隆迪西南部，由鲁武武河和尼瓦龙古河汇流而成。流经坦桑尼亚、卢旺达、乌干达。注入维多利亚湖，长 400 千米。

公园内的动物种类很多。灵长目动物有狒狒和猴子等；食肉类动物有狮子、鬣狗、豹等；食草类有大象、河马、犀牛、野牛、斑马、野猪；这里有一种独有的野生动物，名叫"伊帕拉"的羚羊，有 150 万头，这是在非洲其他野生动物园里所见不到的。"伊帕拉"羚羊主要生活在湖滨水畔，平均每平方千米就聚有 600 只。它们过着群居的生活，每一群中有一只占统治地位的雄羚，可以独自占有一群羚羊中的所有雌羚，其他雄羚不得靠近，否则就会引起一场厮杀。

在卡盖拉河流域和园内的多数湖泊中，生活着很多河马，别看它们在岸边是一副笨拙缓慢的样子，只要到了深水中，它们动作会敏捷得让人惊讶。

游客大多乘车参观卡盖拉国家公园。人们在湖畔可以看到纷飞的彩蝶，听树上的百鸟啼鸣。大湖中河马时隐时现，鳄鱼在湖中小岛上晒太阳，白鹭神态安详地立在水边，猴子嬉戏玩耍，斑马成群结队，水牛在远处觅食，犀牛被禁闭在远离道路的管制区内，梅花

鹿在敏捷地奔跑，野猪在拼命啃着树皮，四不像在踽踽独行……

园区内不仅动物物种丰富，这为野生动物的生存繁衍提供了良好的环境，园内有青山、湖泊、河流、森林、草地、沼泽等，到处都是热带原始森林，这里土地肥沃，草木茂盛，雨水充沛，一片翠绿的景象。

山间谷地的 22 个湖泊中，最大的是伊海马湖，面积为 75 平方千米，湖水清澈碧蓝，波光粼粼，岸边有渔场。每个湖泊都是青山环绕，鲜花盛开，美丽如画。林间散发着花草的清香味，使人觉得呼吸都畅快很多。地上满是落叶，走在上面感觉软软的，就像地毯一样。即使在一些低矮的土丘上，也是山花争艳，林木茂密，花木丛中夹杂着嶙峋怪石，别具特色。

塞内加尔风景区

塞内加尔风景区气候怡人，风光绮丽，拥有着得天独厚的自然风貌，并以其特有的景观而闻名于世。那里森林茂密、草原辽阔，动植物种类繁多，是野生动物、珍稀鸟类的乐园。

塞内加尔风景区是塞内加尔国举世闻名的旅游地点，其中包括美丽的塞内加尔河三角洲和独具特色的小风景区。每个来到塞内加尔风景区的人都会到戈雷岛上来，戈雷岛是一座火山岛，小岛面向达喀尔，濒临塞内加尔海岸，由隆起的玄武岩形成的山丘组成。长约九百米、宽约三百米。"戈雷"意为"良好的锚地"。

在塞内加尔风景区里还有一个尼奥科罗—科巴国家公园，位于冈比亚河畔，它宽70千米、长130千米，面积8500平方千米。公园内河流众多，雨量充沛，林草茂盛，水资源丰富。

尼奥科罗—科巴国家公园地势平坦，包括几个200米高的丘陵，由宽阔的洪泛平原分隔开来。这些平原在雨季被洪水淹没。整个地

区表层土壤是红土和覆盖在寒武纪砂岩河床上面的沉积物，很多地方砂岩裸露出地面，还有些变质岩。赞比西河及其两条支流穿越公园而过。

公园中约有330种鸟类、80种哺乳动物、60种鱼类、36种爬行类动物、20种两栖类动物，以及大量无脊椎动物。代表动物有猎豹、狮子、野狗、野牛、弯角羚、狒狒、绿猴、赤猴、疣猴、德比非洲大羚羊等。还有三种非洲非常典型的鳄鱼：尼罗河鳄鱼、长吻鳄、侏鳄。由四百多头非洲象组成的象群常常在这里嬉戏。约有一百五十只黑猩猩生活在公园的河谷、森林和山上。鸟类有大鸨、陆地犀鸟、尖翅雁、白脸树鸭、战雕和短尾雕等。遗憾的是，多年的偷猎使猎豹和大象的数量急剧下降。

风景区内已有记录的植物种类有一千五百多种，而且还在不断增多。植物种类从南部的苏丹型到热带草原为主的几内亚型，依地势和土壤的变化呈现出不同特点。河谷平原地带生长着岩兰草，热带稀疏草原则被大片的须芒草所占据。偶尔也能见到黍类的"身影"，季节性洪水草原常见的有雀稗；而旱地森林由苏丹类植物构成，如紫檀。在斜坡和丘陵地带、突出地面的岩石处及冲击沙地，生长的植物也都形态各异。河边每年都会长出半水生植物，水位上升时它就会自然消失。在沼泽地和周围地区，这类植物大多生长在干涸的河床上以及天然的堤坝后面。水塘周围是旱地森林和热带草原。有时沼泽中心被茂密的含羞草刺灌木占据。植物有野稻、塞内加尔乳突果和沟儿茶。高的河岸处有金合欢、树头菜、柿树和枣树。

朱贾国家鸟类保护区位于塞内加尔河三角洲、罗斯贝乔以北15千米的低洼河谷中，地处撒哈拉沙漠南缘，距历史名城圣路易斯约六十千米，1981年被列入《世界遗产名录》，这里也是塞内加尔风景区中最为著名的自然保护区。其面积160平方千米，其中毗邻毛里塔尼亚的贾乌灵国家公园，海拔高度

高于海平面大约二十米。

　　朱贾国家鸟类保护区的气候属于雨季旱季轮替的撒哈拉型气候。年降水量300毫米，年均气温27℃。旱季，朱贾虽是整个地区最湿润的地方，但近年来降雨量还不到平均量的1/5，因而变得愈加干旱。撒哈拉型大草原植物以金合欢、柳树、橡形木等荆棘灌木为主。雨季在洪水区长出茂密的香蒲和睡莲。喜盐植物特别是盐角草属植物覆盖了大半个地区。浮萍类植物是主要的水生植物。还有包括阿拉伯胶树等典型的金合欢属植物。

　　建立朱贾国家鸟类保护区是因为该地区对鸟类极为重视。这里庇护着三百多万种鸟类。是西非地区主要的古北区迁徙鸟类保护区之一，也是鸟类飞越撒哈拉沙漠后到达的第一个淡水区。这里得天独厚的地理位置成为无数由北向南和反方向的迁徙鸟类的中途停留地。在此地可以目睹目前还未命名的西非鸟类在此筑巢产卵。这里有成千上万的火烈鸟，还有非洲镖鲈，鸬鹚、白胸鸬鹚、白脸树鸭、褐树鸭、尖翅雁、紫鹭、夜鹭、各种白鹭、白鹈鹕、苍鹭、非洲白琵鹭，以及濒临灭绝的鸟类苏丹大鸨等。

布莱德河峡谷

堪 称世界自然奇景之一的布莱德河峡谷，其神奇景观令世人叹为观止。著名的伯克好运洞穴已成为祈福圣地。远眺悬崖峭壁及绵延不尽的密林山区，田园诗话般的景色尽收眼底。

布莱德河峡谷内瀑布，奇石景观众多，不禁使人赞叹大自然的鬼斧神工。

位于克鲁格国家公园西边的布莱德河峡谷自然保护区，占地 220 平方千米，是南非姆普马兰加省仅次于姆普马兰加国家公园的观光景点。

布莱德河峡谷位于川斯华尔省东部布莱德河峡谷自然保护区，堪称非洲自然奇景之一。

它是因布莱德河河水切穿德拉肯斯山陡坡而形成的。据说，布莱德河峡谷的深度在 600～800 米，最深处可达 1000 米。由此眺望悬崖峭壁及绵延不尽的密林山区，景观绝佳，尤其到每年 5 月，漫山遍野的秋红更是让人叹为观止。布莱德河蜿蜒地游走于触目惊心、明暗不一的红、黄色擎天拱壁与悬崖之间。纳塔尔省西境，峭壁陡崖的德拉肯斯山脉在省区中部呈现出浓郁的田园诗画之美，当地四季风景令人难忘。

看到布莱德河与 1000 米高的大峡谷交织在一起的壮观景色，任何人都会为此感慨。沿着这个保护区的纵向开通的帕诺拉马路线，是位置很好的驾车游览线路。以意为"欢乐的河流"的布莱德河为中心，面积达 3 万平方千米的自然保护区是帕诺拉马路线的核心所在。也只有在这里才可以享受到南非特有的那种和谐景观。

　　值得一提的是，在一个壶状的水潭底下沉着很多硬币，难道外国人也和中国人一样，通过这种方式祈求好运？

　　伯克的好运洞穴位于布莱德河与楚尔河交汇的地方。据说从桥上向瀑布的旋涡里投掷硬币，许下的愿望都能实现。如果站在远处张望，是不可能发现它的，因为水流和洞穴全部处于地平线以下。只有走到近处，立在边上，美丽的地质奇观才会呈现。这里除了有自然保护区外，还有问讯处、商店和小博物馆。在布莱德水库和三个圆形茅屋形状的奇石附近，还有瀑布、奇妙的风景、岩石的塔等多处景观。

　　"上帝之窗"也是布莱德河峡谷的一部分。顾名思义，说明这里很高，高到了天上。站在悬崖边上，的确有居高临下，俯视众生的感觉。峡谷深不见底，树木葱翠。

克鲁格国家公园

南非有着多重美感，高楼华城之后孕育着广阔的天地，壮阔的大自然中，动物是恒久的苍生。而克鲁格国家公园就是野生动物们的和谐家园。那里蕴涵了南非的旅游精华。

南非本身就有着单纯而又复杂的美。繁华喧嚣过后，呈现出的是旷野的宁静与辽阔。在那片广袤的大地上，动物成为这里的主宰。

克鲁格国家公园是南非旅游的经典景观之一，在传统的南非旅游线路里，太阳城往往作为观看野生动物的地点。但如果想真正融入那片草莽禽兽的天地，就应该去南非野生动物的中心——克鲁格国家公园，在这里动物是恒久的苍生。

克鲁格国家公园位于南非姆普马兰加省、北方省和邻国津巴布韦、莫桑比克交界的地带，是南非最大的野生动物保护区。公园地域辽阔，长约三百二十千米，宽 64 千米，方圆约两万平方千米。这里的野生动物种类和数量在世界上均居于首位。园内不但有多岩石的开阔草原，也拥有森林和灌木丛以及非洲独特的、高大的猴面包树，此外其北部还有众多温泉。公园内铺设的道路有 2000 千米之

长，最少需要三天才能走遍主要景点。

我国的 5 月—8 月是当地的冬季，也是最适合观赏的季节，此时草木不再繁盛，视野较好，更容易观赏到动物的活动。此外，早晚的时间最适合观赏，因为在中午特别是夏季的午后，绝大部分的动物都在小憩，游人几乎看不到它们的踪影。

克鲁格国家公园是南非旅游胜地之一。

人与动物和睦相处的镜头在南非经常可以看到，生态环境的保护令世人对南非人感慨不已。南非境内现共有国家公园 18 座，克鲁格位居首位，不仅是因为这个公园是世界上十大国家公园之一，更是因为它是世界上最古老、最负盛名的国家公园之一。在动物保护、生态旅游，以及环境保护等的研究与相关技术方面，克鲁格在世界上也是首屈一指的。

据最新统计结果显示，公园内共有哺乳类动物 147 种、爬行类动物 114 种、鸟 507 种、鱼 49 种和植物 336 种。其中羚羊以超过 14 万只的数量名列非洲第一。另外还有野牛两万头、斑马两万匹、非洲象 7000 头、非洲狮 1200 只、犀牛 2500 头，以及数量众多的花豹、长颈鹿、鳄鱼、河马、鸵鸟等。

奥卡万戈三角洲

奥卡万戈，这个神秘而美丽的名字，带给了人们无尽的想象。从高空俯瞰，一片片绿色湿地如海洋一般望不到尽头。那里风光秀丽、景色迷人，被称为地球上最大的内陆三角洲。

奥卡万戈三角洲地处博茨瓦纳北部，是一块草木茂盛的热带沼泽地，四周环绕着卡拉哈里沙漠草原，是非洲面积最大、风景最美的绿洲。当达到最大规模时，三角洲的面积为2.2万平方千米。

当地的土著居民为巴依人，他们是天生的狩猎者。他们凭借一种名为"梅科罗"的独木舟，穿行于三角洲地区。因为河马轻而易举地就可以把木舟掀翻，所以人们在河里要避免直接与河马接触。不过河马为人们的穿行提供了便利的条件，它们踩倒植物，并吃掉大量的草，使水道保持畅通，利于独木舟穿行。

奥卡万戈河位于卡拉哈里沙漠北部边缘地区的一块独一无二的绿洲上，它被人们描述为"永远找不到海洋的河"。奥卡万戈河是古代大湖——玛加第加第湖最后的遗迹。奥卡万戈的东北部与宽多河以及科比沼泽河系相邻。

奥卡万戈三角洲的水来自安哥拉南部高地。这个地区十分平坦，

坡度极小，因此河水呈扇形散开。三角洲水流的终点是波特尔河，位于卡拉哈里沙漠之中。当洪水到达此地时，大部分的水已被蒸发掉了。当奥卡万戈河离开湿润的高地，流入干燥平坦的卡拉哈里后，河道阻塞，水流开始另寻出路，并

奥卡万戈三角洲是世界上公认的最大的内陆三角洲之一，也是非洲面积最大、风景最美的绿洲。

继续在所经之处留下它的沉积物。随着时间的流逝，200万吨的泥沙和碎片在卡拉哈里沙漠上沉淀下来，形成独具特色的扇形三角洲。

奥卡万戈河发源于安哥拉高地，上游称库邦戈河。来自安哥拉高地的雨水汇集形成汹涌的洪流，由奥卡万戈河携带着倾入三角洲。3月份下暴雨时，河水泛滥，越过边界进入博茨瓦纳的卡拉哈里沙漠。河流被山脊所挟持，形成了相当狭窄的走廊地带。

这里还有一种比较稀有的动物——非洲犬，它们的奔跑速度仅次于猎豹。非洲犬号称"杂色狼"，它拥有高超的游泳技术，以至它成了优秀的"捕猎者"。非洲犬家庭观念很强，它吃下的食物并不马上吞咽消化，而是回到雌犬和幼犬那里，反刍给"妻儿"分享。非洲犬是一种群居动物，当雌犬在洞中生产时，雄犬守卫在洞外。幼犬生下来后，所有的幼犬只归一只雌犬的头领来哺乳，雄犬则努力到外面去猎取食物。

雷雨季节的到来，将给植物以及小动物带来了灾难。树木被电火烧着，许多小动物和昆虫葬身火海，野犬则纷纷逃到岛中，躲避劫难。不过，火也有它的好处，烧后的草木灰成了很好的有机肥，为新的植物生长提供了充足的养分。

三角洲丰富的水域为鱼鹰、翠鸟、河马、鳄鱼和虎鱼提供了一个理想的生态环境。

洪水泛滥的时候，三角洲上的野生动物开始向这一区域的腹地退缩。洪水退却后，旱季马上来临，绿洲很快变成了泥潭。水牛成群结队地远涉他乡去寻找新的水源；鳄鱼为了生存，在泥潭里蹿出一条条深沟；穿山甲和鼠类，充分发挥了钻地的本领，躲进地下去生活；而河马却只能在泥潭中挣扎。每到此时，这里成为卡拉哈里大型动物的天然避难所和大水潭。充足的水分使许多令人意想不到的生命形态在这块"沙漠"地带出现了：在水中悠闲自在的鱼、在沙滩上晒太阳的鳄鱼、自由吃草的河马和水生的沼泽羚羊。

位于奥卡万戈三角洲中心地带的莫雷米动物保护区占三角洲总面积的20%左右。保护区内有各种各样的野生动物，如大象、野牛、长颈鹿、狮子、美洲豹、猎豹、野狗、鬣狗、胡狼，还有随处可见的各种羚羊和赤列羚，以及包括各种水鸟的丰富的鸟类。莫雷米有开满百合的沼泽地，绿草如茵的草原和郁郁苍苍的森林。

大洋洲

DAYANGZHOU

艾尔斯岩

号称"世界七大奇景"之一的艾尔斯岩，以其雄峻的气势巍然耸立于茫茫荒原之上。它又被称作"乌卢鲁巨石""人类地球上的肚脐"，并因其有着富于变幻的神奇色彩而被世人瞩目。

在澳大利亚中部有一片一望无垠的荒原地带，大自然鬼斧神工地劈凿出好几处奇绝景观，其中最负盛名者，当推艾尔斯岩。艾尔斯岩高 348 米、长 3000 米，底部周长约八千五百米，东侧高宽而西侧低狭，是世界上最大的独块石头。它气势雄峻，犹如一座超越时空的自然纪念碑突兀于茫茫荒原之上，在耀眼的阳光下散发出迷人的光辉。

艾尔斯岩，又名乌卢鲁巨石，是位于艾丽斯斯普林斯西南四百七十多千米处的巨大岩石。只要沿着一号公路往南，车程约五个小时，就可以看到这世界上最大的单一岩石——艾尔斯岩。

艾尔斯岩是一位名叫威廉·克里斯蒂·高斯的测量员发现的。1873 年，这位测量员打算横跨这片荒漠，当他又饥又渴的时候，突然发现眼前出现这块与天等高的石山，开始他还以为是一种幻觉。高斯是从南澳洲来的，所以就用当时南澳洲总理亨利·艾尔斯的名字为这座石山命名。

现在，艾尔斯岩所处的区域已被列为国家公园，每年有数十万人从世界各地纷纷慕名前来，观赏巨石的风采。

艾尔斯岩不是石山，而是一块天然的大石头，这让人十分惊奇，然而这块世界上最大的石头是怎么形成的呢？

目前最为科学的解释是：艾尔斯岩的形状有些像两端略圆的长面包，底面呈椭圆形。岩石成分主要是砾石，含铁量很高，所以它的表面因氧化而发红，整体呈红色，所以又被称为红石。由于地壳运动，阿玛迪斯盆地向上推挤形成大片岩石。3亿年前，又发生了一次神奇的地壳运动，将这座巨大的石山推出了海面。

经过亿万年来的风雨沧桑，大片砂岩已经被风化为沙砾，只有这块巨石有着独特的硬度，整体没有裂缝和断隙，抵抗住了风剥雨蚀，成为地貌学上所说的"蚀余石"。不过长期的风化侵蚀仍然有一定的成果，它的顶部被打磨得圆滑光亮，并在四周陡崖上形成了一些自上而下的、宽窄不一的沟槽和浅坑。所以每到暴雨倾盆时，巨石的各个侧面飞瀑倾泻，非常壮观。

艾尔斯岩是大自然中一位美丽的模特儿，随着早晚和天气的改变而变换各种颜色。

黎明前，巨石穿着一件巨大的黑色睡袍，安详地睡在那广袤无垠的大地之中；清晨，当太阳从沙漠的边际冉冉升起时，巨石仿佛披上了浅红色的盛装，显出一副少女出水芙蓉般的娇媚；到中午，则穿上橙色的外衣，显得非常安逸；而当夕阳西下时，巨石则姹紫嫣红，在蔚蓝的天空下，就像熊熊燃烧的火焰；至夜幕降临时，它又匆匆换上黄褐色的外套，风姿绰约；风雨前后，巨石又披上了银灰或近于黑色的大衣，显得深沉、宁静、刚毅而厚重。如果遇到狂风大作、雷电交加的天气，就无法攀登巨石，并且观赏它那变化多

一般来说，艾尔斯岩一日之内随着时间会变换 7 种颜色，简直精妙绝伦！

端的色彩了。因为取而代之的是另一番壮观景色——巨石瀑布，大雨过后，无数条瀑布从"蓑衣"上疾淌直下，一副千条江河归大海的壮观景象。总之，很难用语言把巨石富于变幻的色彩描绘出来，若想真正体验，只能身临其境。

关于艾尔斯岩变色的原因，地质学家的说法有很多，但是大多数都认为这与它的成分有关。艾尔斯岩实际上是岩生坚硬、密度较大的石英砂岩，岩石表面的氧化物在一天阳光的不同角度照射下，就会不断地改变颜色。因此"多色的石头"并不是什么神秘的法术，只是大自然的造化罢了。

大堡礁

 世闻名的大堡礁是世界上最长、最大的珊瑚礁区。那里景色迷人，风光绮丽，有着绚丽多彩、造型各异的珊瑚，鱼群畅游其中、悠游自在。因此，大堡礁有着"透明清澈的海中野生王国"的美誉。

大堡礁又称为"透明清澈的海中野生王国"，位于澳大利亚东北岸。它是世界上最长、最大的珊瑚礁区，也是世界七大自然景观之一，同时是澳大利亚人最引以为自豪的天然景观。1981 年整个区域都被划定在《世界遗产名录》中。

大堡礁位于太平洋珊瑚海西部，北面从托雷斯海峡起，向南直到弗雷泽岛附近，沿澳大利亚东北海岸线绵延两千余千米，总面积达 8 万平方千米。北部排列呈链状，宽 16～20 千米；南部散布面宽达 240 千米。

大堡礁由三百五十多种绚丽多彩的珊瑚组成，造型千姿百态。落潮时分，部分珊瑚礁露出水面形成了珊瑚岛。在礁群与海岸之间是一条海路。这里虽然景色迷人，可是水流异常复杂，险峻莫测。这里有世界上最大的珊瑚礁，还有一千五百多种鱼类，四千余种软体动物，二百四十多种鸟类，这里还是某些濒临灭绝动物物种的栖息地。

大堡礁群中的珊瑚礁有鹿角形、灵芝形、荷叶形、海草形；有红色的、紫色的、黄色的、粉色的、绿色的，色彩斑斓。这一切构

成一幅千姿百态的海底景观。珊瑚栖息的水域颜色从白、青到蓝靛，绚丽多彩。在这里生活着大约一千五百多种热带海洋生物，有海蜇、海绵、管虫、海葵、海胆、海龟，以及蝴蝶鱼、鹦鹉鱼、天使鱼等各种热带观赏鱼。

珊瑚有淡粉红、深玫瑰红、黄蓝相同的绿色，异常鲜艳。

面对如此美丽的自然奇景，人们不禁想问，这些珊瑚礁是怎么形成的呢？不可思议的是，营造如此庞大"工程"的"建筑师"竟然是直径只有几毫米的珊瑚虫。

珊瑚虫色泽美丽，体态玲珑，只能生活在全年水温保持在22℃～28℃的水域，而且对水质的要求很高。由此看来，澳大利亚东北岸外大陆架海域正是珊瑚虫繁衍生息的理想之地。

珊瑚虫食浮游生物，能分泌出石灰质骨骼。它们群体生活，老一代珊瑚虫死后留下遗骸，新的一代就继续发育繁衍，就像树木抽枝发芽一样，向高处和两旁发展。就这样日积月累，年复一年，珊瑚虫分泌的石灰质骨骼，连同贝壳、藻类等海洋生物残骸胶结在一起，堆积成一个个珊瑚礁体。

珊瑚礁是在不断生长的，新珊瑚礁露出水面后很快就盖上一层白沙，上面马上长出植物。最先在珊瑚礁上生长的植物，它们的繁殖速度十分惊人。结出的耐盐果实甚至可以在水上漂浮数月，漂到适合的地方，生根发芽，为其他植物的生长铺平道路。

而海洋风暴和旋风在不断地破坏和侵蚀珊瑚礁。珊瑚虫是一种动物，相应地就会有吃珊瑚的动物，例如鹦嘴鱼和刺冠海星。刺冠

海星往往把腹腔吐出来贴在珊瑚礁上，慢慢把它消化掉。而刺冠海星的数量会周期性地剧增，甚至可以把整片珊瑚礁吃得一干二净。

大堡礁地区属热带气候，主要受南半球气流控制。那里有温暖醉

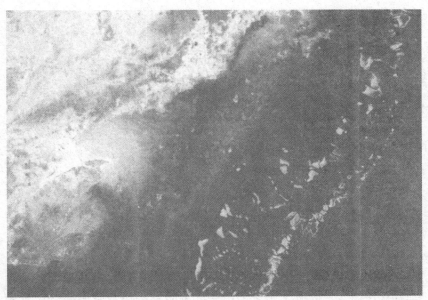

人的阳光，有沁心润肺的新鲜空气，有湛蓝发光的大海，还有美味海鲜，因此吸引了世界八方游客来此猎奇观赏。

除此之外，还有不少的迷人景点和景观，如海中观景，可以乘坐透明的观光船置身海中，欣赏色彩斑斓的珊瑚和鱼，也可以乘坐潜艇或亲自潜水至海里，体会在海里与鱼虾共舞的乐趣；在旖旎的珊瑚岛上徜徉，一边欣赏着珊瑚岛天堂般的美景，一边享受绮丽的热带风光。

大堡礁地势十分险峻，周围建有大量的航标灯塔，有的至今仍发挥着作用，而有些已成为著名的历史遗址。这些航标灯塔也已经成为一道观赏的景观。

蓝山山脉

桉树附挥发的油脂，在阳光的折射下呈现出神奇的蓝色，这便是蓝山这个美丽名字的由来。蓝山山脉因其秀丽的风光、清爽怡人的自然气候，以及其中蕴涵的天然景致吸引了众多的游客。

蓝山山脉国家公园以格罗斯河谷为中心，西起斯托尼山，东至加勒比海岸，长约五十千米，由三叠纪时期的块状坚固砂岩积累而成，占地约两千平方千米，拥有众多海拔在 1500 米以上的山峰，10300平方千米的砂岩平原，在其间的陡坡峭壁和峡谷上生长着桉叶植物。

蓝山山脉拥有三姐妹峰、吉诺蓝岩洞、温特沃思瀑布和鸟啄石等天然名胜。蓝山因众多桉树挥发出的油滴在空气中经过阳光折射呈现蓝光而得名。蓝山地区为桉叶植物提供了各种典型生长环境，这也使蓝山地区拥有占全球桉叶植物种类的 13% 的 90 类桉叶植物，114 类具有地域特征的植物和 120 种国家稀有植物和濒危植物。

琴鸟是澳大利亚特有的动物，也是蓝山山脉的一道独特景观。因雄性琴鸟尾巴羽毛酷似古时西方的竖琴而得名。琴鸟聪明伶俐，可以惟妙惟肖地模仿上百种鸟类或其他动物的声音，甚至也包括人类。这方面的本领，雄琴鸟比雌琴鸟更厉害，几乎没有什么声音是不能被琴鸟逼真模仿的。

蓝山气候宜人，雨量充沛，茂密的热带森林覆盖其上。

吉诺蓝岩洞是经过亿万年地下水流冲刷、侵蚀而形成的，深邃莫测且雄伟绮丽。主要有王洞、东洞、河洞、鲁卡斯洞、吉里洞、丝巾洞及骷髅洞等洞穴景观。1838年吉诺蓝岩洞被欧洲人发现，新南威尔士州政府约在1867年将其列为"保护区"。洞内在灯光的照射下，钟乳石、石笋、石幔光芒四射，光怪陆离。王洞中的钟乳石石笋相接，又长又尖；石笋像庄严肃穆的尖塔。

三姐妹峰距悉尼约一百千米，峰高450米，耸立于山城卡通巴附近的贾米森峡谷之畔。三姐妹峰险不可攀，1958年在其上修建的高空索道，是南半球最早建立的载客索道。传说巫医的三个美丽女儿为防歹徒加害，在其父运用魔骨的巫术下化为岩石。其后，魔骨在巫医与敌人的搏斗中丢失，她们也因此无法还生。峰下飞翔的琴鸟，传说就是仍在寻找魔骨的巫医的化身。

塔斯马尼亚荒原

　　强烈冰川作用形成的塔斯马尼亚荒原是一个多姿多彩、物种丰富的地区。它以独有的陡峭险峻而成为世人瞩目的焦点。迄今为止，这里依旧完好地保存着温带雨林的原始自然风貌。

　　澳大利亚的塔斯马尼亚荒原长期受到冰河的作用，那些冰蚀地区以及冰蚀公园，占地约一百万平方千米。它们特有的险峻和陡峭，构成了世界上仅有的几个大型的温带雨林之一。石灰岩溶洞内的遗迹可以证实，人类在这一地区有超过两万年的生存历史，而发现石灰石洞则可以证明，这里早在两万多年前就已经被冰蚀占领。塔斯马尼亚岛上残存着最完好而广阔的古代雨林，但 1/4 以上的岛屿依然是真正的荒原。

　　大约 2.5 亿年前，塔斯马尼亚和澳大利亚的其他地区，还有新西兰、南极洲、非洲和印度，都是巨大的冈瓦纳南大陆的一部分。这巨大古陆占全球陆地的一半以

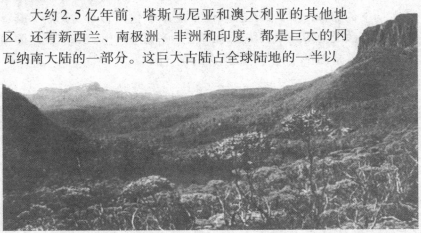

春季时分，塔斯马尼亚岛到处绿意盎然，似乎在大声地向世人宣布春天的到来。

上，剩下的大部分地区都覆盖着温带雨林。

现在，在塔斯马尼亚地区已经发现了温带雨林的最佳残存区。大部分雨林都包括在 10813 平方千米的区域内，这个区域构成了塔斯马尼亚的世界荒原遗产地。这里主要有四个国家公园、两个保护区、两个州立公园和许多州立森林。

塔斯马尼亚荒原从海岸开始，一直延伸到海拔高度 1615 米以上的塔斯马尼亚中心。在温带海岸雨林的沿海一侧，生长着常绿树，又生长有落叶树。在这样潮湿温和的气候条件下，许多种植物枝繁叶茂，高耸入云。

塔斯马尼亚温带雨林和热带雨林的显著差别在于，虽然林下的植物和附生植物，如苔藓、蕨类和地衣等为争立足之地而长势旺盛，但是塔斯马尼亚的树种极少。

有些地区还长有桉树，这是世界上最高的显花植物，形成一个高达 91 米的高耸树冠层。在地势较高的地区，高山植物为生存而抗争，树木因严寒、狂风而生长受阻，疖瘤丛生。

澳大利亚因为与冈瓦纳大陆相分离，逐渐形成了靠有袋目和单孔目哺乳类动物组成的独特动物体系；塔斯马尼亚岛又进一步分离，产生了许多该岛特有的动物。

塔斯马尼亚距离澳大利亚南海岸 200 千米是一个与世隔绝的蛮荒世界，面积和爱尔兰差不多。它因出产一种奇异的动物而闻名于世。这种动物有着狼一样的身体，巨大的嘴巴是它的有力武器。1930 年，塔斯马尼亚的一个农夫见到并打死了一只奇异的动物，这次看似简单的狩猎让世人扼腕叹息。农夫并不知道他的子弹不仅仅是结束了一只动物的生命，而且还给一个物种敲响了丧钟，这个奇

异的动物就是塔斯马尼亚虎。

之后，每年都会有很多意外发现塔斯马尼亚虎的证据出现，虽然其中绝大部分无法确定，可靠性还有待考证，但很多人宁愿相信塔斯马尼亚虎仍然存在。塔斯马尼亚虎是一种食肉的有袋类动物，一颗大脑袋长得很像狼，但它们是一种狡猾却又十分害羞的动物，并不能完全称之为"虎"，它长着类似狼的脑袋和狗的身子，是现代最大的食

郁郁葱葱的热带雨林是塔斯马尼亚的典型代表，在这里你可以看到特有的树种桃金娘科的山毛榉种，还有"比利王"松，它们代表着冈瓦纳古陆雨林。

肉有袋动物，又被称为塔斯马尼亚袋狼。它的尾巴像袋鼠，但尾巴基部宽大、坚挺，甚至不能摆动。身上有虎皮斑纹，后腿像袋鼠的腿，腹部还有育儿袋，看上去像袋鼠，而实际上更像狼。

在澳大利亚150种有记载的鸟类中，最珍稀的鸟类应该是黄腹鹦鹉。它们色彩斑斓，主要栖息于小丛树木分布的多沼泽区及草原地区等。在繁殖时节，它们大多成对或是以小群体活动。

毫无疑问，塔斯马尼亚是一个多姿多彩、物种丰富的自然之岛，那里有纯净的水源和天然沃土所孕育的新鲜土特产；还有一流的葡萄酒和未被污染的海滩、山林胜景，众多风景如画的村庄，以及玫瑰、水仙和郁金香处处盛开的天然花园……

赫利尔湖

赫利尔湖是一个咸水湖，宽约六百米，湖水较浅，使沿岸布满晶莹的白盐。湖的四周是深绿色的桉树和千层森林，在森林以外则是一条狭窄的白色沙带，将湖与深蓝色的海水隔离开来。

在澳大利亚米德尔岛这座美丽神奇的岛屿上，有一个不可不去的地方，它就是呈现奇异粉色的赫利尔湖。

关于米德尔岛有粉红湖的最早记载是在 1820 年。后来，随着旅游业的兴起，赫利尔湖以奇异的粉红色而驰名世界。

1950 年，一批科学家开始调查湖水粉红色的奥妙。通常在含盐量很高的咸水中，会生长着一种含有红色素的水藻，专家们起初就从寻找水藻做起。令人费解的是在赫利尔湖多次取得水样进行分析，却没有得到事先预料的佐证。所以，对于此湖为何呈粉红色至今人们仍然莫衷一是。

昆士兰

昆士兰州占据了澳大利亚 1/4 的领土，拥有众多的旅游景点，尤以黄金海岸的蔚蓝海水、细白沙滩，以及举世闻名的大堡礁和北区的热带雨林吸引了世界众多的游客。

"阳光是属于澳洲人的"，你听过这个说法吗？澳洲人对于阳光的热爱程度，的确让其他国家的人望尘莫及。在澳洲的阳光之州——昆士兰，你就更能体会到当地人对于阳光的酷爱。

昆士兰位于澳大利亚东北部，是澳大利亚的第二大州，首府是布里斯班。全州面积为 173 万平方千米，占全澳大利亚面积的 1/4。西部 2/3 为平原，东部 1/3 为丘陵或山地，大分水岭纵贯全州。昆士兰州阳光明媚、气候温暖宜人，并赢得"阳光之州"的美称。

昆士兰属于亚热带气候，拥有丰富的自然资源和各种不同的自然环境。东部沿海多雨林，往西有澳大利亚国树——桉树，再往西则有澳大利亚国花——金合欢。动物种类繁多，你可以看到针鼹和鸭嘴兽这两种稀有的卵生哺乳动物。因而生态旅游也是昆士兰州的特色之一。

布里斯班是一座美丽的城市，布里斯班河穿过市区。不远处的库斯山是假日休闲的旅游度假区，从山顶可俯瞰布里斯班市的全景。

黄金海岸是世界著名的旅游景区，地处布里斯班市以南约七十千

黄金海岸是澳大利亚的假日游乐胜地，这里有明媚的阳光、连绵的白色沙滩、湛蓝透明的海水、浪漫的棕榈林，来这里旅游度假的人们更为这里增添了不少生机和动感。

米处，40 千米长的金色沙滩为这个城市带来了"黄金海岸"这一美丽的名字。实际上，这个城市也不徒有世界著名旅游胜地的美称。区内著名的旅游景点有电影世界、海洋世界、梦幻世界、鸟园、滑浪者天堂等等。

阳光海岸坐落在布里斯班市的北部，也是著名的旅游景区之一，海底世界、菠萝园、努萨海滩等著名的旅游景点坐落于此。还有小城卡伦德拉，它在土著语中意为"美丽的地方"。区内还有众多的国家公园。

弗雷泽岛是澳大利亚世界文化遗产保护区之一，岛长 122 千米，是世界上最大的沙岛，也是澳大利亚东部沿海最大的岛屿。这里的度假区既保留了原始的自然野生状态，又建有完备的旅游设施。游客可在此居住，也可租用四轮驱动车环游全岛。岛内有四十多个风景秀美的淡水湖，也有色彩斑斓的沙山。赫维湾是前往弗雷泽岛的必经之地，同时，也有很多游船供游人出海赏鲸及垂钓。

被称为"澳大利亚牛肉之都"的罗克汉普顿是本地区的大镇，

人口有五万多。这里有艺术馆、土著文化中心等景点。但更重要的是，它是通往大克佩尔岛的必经之路，游客可乘船由劳斯林湾前往大克佩尔岛。该岛是受年轻人青睐的疗养胜地，岛内共有 17 个海滩，其迷人的风景令游人流连忘返。

麦凯是著名的甘蔗种植地，是昆士兰地区较大的城市，人口七万多。从这里出发可前往云格拉国家公园以及开普希尔斯伯勒国家公园，也可乘坐游船出海到克雷德林珊瑚礁观赏大堡礁的美景，还可乘船去惠森迪岛游览。惠森迪岛位于麦

昆士兰州拥有温暖的气候、自然的风光，在这里可以乘游轮观赏景色、潜水、滑浪、钓鱼、激流泛舟、高空跳、热气球升空、骑马，让不同的人都可以在昆士兰找到不同的乐趣。

凯和伯温之间的外海中，位于麦凯东北 32 千米，清澈的蓝色海水、茂密的森林及与世隔绝的度假胜地形成了惠森迪岛独特的风景。

汤斯威尔位于布里斯班北部约一千四百千米的地方，人口约有十万，这里有很多的热带植物，到处洋溢着热带风情。主要旅游景点有大堡礁仙境、皇后花园、凯斯尔山。

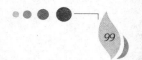
岩塔沙漠

岩 塔沙漠中林立着无数塔状孤立的岩石，故而得名。形态各异的岩塔遍布于茫茫的黄沙之中，景色壮观，使人感觉神秘而怪异，久久不能忘怀。

在临近澳大利亚西南海岸线的楠邦国家公园内，有一片人迹罕至的沙漠，这就是位于澳大利亚西部的西澳首府珀斯以北约二百五十千米处的岩塔沙漠。岩塔沙漠中林立着无数塔状孤立的岩石，故而得名。

这是一片神秘的岩塔沙漠。暗灰色的岩塔高约一百二十五米，矗立在平坦的沙面上。往沙漠腹地走去，岩塔的颜色由暗灰色逐渐变成金黄色。每个岩塔形状不同，有的表面比较平滑，有的像蜂窝；有的岩塔酷似巨大的牛奶瓶散放在那里，等待送奶人前来收集；还有的名为"鬼影"，中间那根石柱状如死神，正在向四周的众鬼说

教。虽然这些岩塔已有几万年的历史，但肯定是近代才从沙中露出来的。

科学家估计，这些岩塔在 20 世纪以前至少露出过沙面一次。因为在有些石柱的底部发现黏附着贝壳的石器时代的制品。贝壳经放射性碳测定，大约有五千多年历史。这些尖岩可能在六千多年前已被人发现过，可能这些岩塔后来又被沙掩埋了数千年。

帽贝等海洋软体动物是构成岩塔的原始材料。几十万年前，这些软体动物在温暖的海洋中大量繁殖，死后贝壳破碎成石灰沙。这些沙被风浪带到岸上，一层层堆成沙丘。

最后，在冬季多雨、夏季干燥的地中海式气候下，沙丘上长满了植物。植物的根系使沙丘变得稳固，并积累腐殖质。冬季的酸性雨水渗入沙中，溶解掉一些沙粒。夏季沙子变干，溶解的物质结硬成水泥状，把沙粒粘在一起变成石灰石。腐殖质增加了下渗雨水的酸性，加强了黏性作用，在沙层底部形成一层较硬的石灰岩。植物根系不断深入这层较硬的岩层缝隙，使周围又形成更多的石灰岩。后来，流沙把植物掩埋，植物的根系腐烂，在石灰岩中留下一条条缝隙。这些缝隙又被渗进的雨水溶蚀而拓宽，有些石灰岩风化掉，只留下较硬的部分。沙一被吹走，这些石灰岩就露出来成为岩塔。

岩塔沙漠虽然是少有游客观赏的不毛之地，但沙漠中奇形怪状的岩塔却吸引着富有挑战精神和好奇心的人们前往一试。岩塔沙漠上的石灰质岩石是大自然花费数万年时间完成的杰作，其出现与消失同样神秘。

乌卢鲁国家公园

乌卢鲁国家公园坐落在以红色沙土地为优势的澳洲中部，面积约有一千三百二十五平方千米，建立于 1958 年。它以其壮观的地质学构造及自身所具有的重要文化价值而闻名于世。

在澳大利亚炎热、多沙的北部平原上，孤独挺拔地矗立着一块巨大的红色砂岩，十分壮观。澳大利亚土著阿波利基尼人称这块巨石为"乌卢鲁"，意为"遮荫之处"，这就是世界著名的艾尔斯岩。这里是土著阿波利基尼人的神圣之地。砂岩底部有一些浅洞穴，洞内有雕刻和壁画。

乌卢鲁是一块巨大的圆形柱石，而卡塔曲塔则似一块石头圆屋顶坐落在乌卢鲁西部。这些巨石和岩山形成于 6 亿年前，形成了世界上最古老人类社会之一的传统信仰体系的一部分。

艾尔斯巨石是目前世界上最大的巨石。成分为砾石，由风沙雕琢而成，呈椭圆形。岩石光滑，形状有些像两端略圆的长面包。此石大部分埋于沙下，仅平坦顶部露于沙上。这种构造在地质学上称作"岛山"。此石东北面裂开一块高 150 米的薄岩块，依附于岩壁之上，这一石柱被称为"袋鼠尾巴"，土著人将其视为神的象征。

乌卢鲁国家公园以奇特的岩石组合闻名于世，在地质学家的眼里，它们代表了特殊构造和侵蚀过程。乌卢鲁和卡塔曲塔的岩石组合及其邻近的、在科学上具有重要意义的动植物组合与周围大范围的沙漠背景形成了强烈的反差，带有浓

艾尔斯巨石突兀在广袤的沙漠上，硕大无比，雄伟壮观，如巨兽卧地，格外醒目。艾尔斯石整体呈红色，在阳光照耀下闪闪发光，并能随着阳光方向的变化而显出不同颜色。

厚的自然地理特征的韵味。

乌卢鲁国家公园里有植物 480 种、爬行动物 70 种、哺乳动物 40 种。爬行动物中最著名的是巨蜥，它的体长可达 2.5 米，皮呈橄榄绿色，装点着美丽的花纹。这个地区还有剧毒的褐眼镜王蛇和西部眼镜蛇，长达 1.8 米。生活在沙丘间的青蛙、蜥蜴、袋鼹以及跳鼠都是毒蛇很容易捕捉的猎物，也是澳大利亚野狗的猎物。红袋鼠有时也到这个地区来吃草，而胆小的岩袋鼠白天躲在岩洞里。大约有一百五十种鸟在这里栖息，包括鸸鹋、楔尾雕和吸蜜鸟。

1994 年，由于人们认识到了在乌卢鲁国家公园地区当地土著人和自然环境共生关系的重要意义以及公园自身重要的文化价值，公园得以在世界文化遗产中进行重新登记，成为世界上第二个被称为"文化景观"的世界遗产。

卡卡杜国家公园

卡卡杜国家公园是一处拥有原始自然遗产和丰厚文化遗产的游览区，这里郁郁葱葱的原始森林，孕育了独特的动植物种群，使澳大利亚对于世界而言，又具有了不同的意义。

卡卡杜国家公园位于澳大利亚北部地区首府达尔文市东部200千米处。面积19804平方千米。1979年被澳大利亚政府辟为国家公园，并被联合国教科文组织列入《世界遗产名录》。

由于地处澳大利亚最北部，澳大利亚人把这片广阔的原始森林叫做"顶端"。其自然风光因地而异，随季节而变。卡卡杜国家公园具备完整的自然生态原始环境，这里有澳大利亚大陆最初的人类足迹——两万年前的山崖洞穴间的原始壁画。这些奇特的岩画丰富多样，展现了神话传说和原始人的生活场景。

卡卡杜国家公园所在地区属热带草原气候，热带季风使得这里的雨季和旱季对比鲜明。这里是澳大利亚降雨最多的地区之一，约90%的降雨集中在11月至次年4月之间的雨季，局部的雷暴、暴雨、热带飓风活动是这种气候的典型特征。明显的季节性降水导致地表水流界限明显，大致分为两种情况；在雨季里，河水暴涨，大面积的低

卡卡杜国家公园内的壁画抽象夸张，反映了澳大利亚土著对世界的独特认识。岩画以及其他考古遗址，表明了这个地区从史前的狩猎者和原始部落到仍居住在这里的土著居民的技能和生活方式。

地经受洪水侵袭，在最高水位的地方，形成了一系列浅水洼地和干涸河道；到了旱季的末期，水流停止，低地植物会晒焦，甚至被林火烧黑。

卡卡杜国家公园的植物种类繁多，有独特的柠檬桉、大叶樱、南洋杉等树木，还有大片的棕榈林、橘红的蝴蝶花树、松树林等。阿纳姆地西部砂岩地带的植物具有多样性，而且还有许多地方性树种。卡卡杜地区的动物种类也丰富多样，这些动物是澳大利亚北部地区的典型代表。保护这里的动物群无论对于澳大利亚还是对于世界都具有极为重要的意义。

这个地区的鸟的种类也异常丰富，其中最具代表性的鸟类是苍鹰和水鸟。旱季时，公园中的大片湖泊和湿地则成为了水禽的天堂，上百万只鸟聚集在这里。其中黑颈鹳是北澳大利亚热带地区的鸟类代表。

公园中有64种土生土长的哺乳动物，大约占澳大利亚已知的全部陆生哺乳动物的1/4。卡卡杜荒原还有75种爬行动物，在北部热带地区，常有鳄鱼在咸水河流中出没。其中著名的咸水鳄，身长4～6米，性情凶猛，常常攻击人和其他动物。

在卡卡杜草地上散布着许多大小不一、形状不同的土堆，这些都是白蚁垤。在每座硬如水泥的土堆壳里，都有迷宫状的通道，罗盘白蚁的蚁垤最为特别，高2～3米，外表粗糙，好像上窄下宽的墓碑。都是南、北面窄，东、西面宽。让人不可思议的是，蚁垤的"建造"还注

意到了温度的调节。蚁垤的宽面在早上和晚上阳光较弱时朝向太阳，以吸收最多的热量。蚁垤的窄面在中午太阳光较为强烈时面向太阳，这样可以避免巢内温度过高。所以巢内的温度较为恒定，一般在30℃左右。

卡卡杜地区有着较早的人类居住史，人类已经在这里生活了五万多年。在卡卡杜国家公园，发现了澳大利亚大陆最初的人类足迹，这成为卡卡杜国家公园驰名世界的一大重要原因。在东河河岸的石山上，发现了2.3万年前原始人的遗迹。卡卡杜是澳大利亚土著嘎古杜的故土，卡卡杜国家公园就以这个部族之名命名。土著居民传承的是世界上最古老的文化，卡卡杜国家公园清晰地展现了澳大利亚先民的文化传承关系。

卡卡杜国家公园有享誉世界的岩石壁画，岩画主要集中在奥比利岩石和诺兰吉岩石上，其内容十分丰富：有狩猎场景、生活用具、神话传说等，还有关于大地母神的岩画。

画中人物多处于一种舞蹈姿态，从他们或曲身或跳跃的劲舞姿势中，可看出这是个热情开放、能歌善舞而又极富幻想的民族。壁画较完整地反映了土著文化各个历史时期的发展历程。

壁画中的动物种类随着外界环境的变化而发生变化。最早的壁画创作于最后一次冰河时期。所以这一时期的壁画中主要画的是巴拉蒙达鱼和梭鱼等鱼类动物，许多画还把脊骨等动物体内的构造都画了出来；经过年代变迁，卡卡杜形成了地区淡水沼泽，在这个时期的壁画中有鱼、鹊雁以及在沼泽用篙撑筏的妇女。

这些壁画所用的颜料很特别，它是由猎物的鲜血掺和着不同颜色的矿物质制成的。画中有的人体造型很奇特，头呈倒三角形，耳朵呈长方形，身

卡卡杜国家公园是澳大利亚最大的国家公园，面积1.31 6万平方千米，曾是土著自治区，是文化与自然的双重遗产。

躯及四肢特别细长，并且常为多头多臂形象。卡卡杜最早的岩画已归入人类最古老的艺术，这种艺术传统一直完整地保存到了现在。

沙克湾

沙克湾号称庞大的水生生物之家，被海岛和陆地所环绕，以三个无可比拟的自然景观而著称。它拥有世界上最大、最丰富的海洋植物标本及世界上数量最多的儒艮和叠层石。

沙克湾位于澳大利亚西部城市伯斯以北800千米处。这里是澳大利亚大陆的最西端，面积约两万两千平方千米。1991年联合国教科文组织将沙克湾作为自然遗产，列入《世界自然遗产名录》。

沙克湾的意思是"鲨鱼湾"。它由南北走向的平岛和岛屿群组成，海岸线长达1500千米，最高处高达200米，是全澳大利亚最高的海岸线。沙克湾内有世界上最大的鱼类——鲸鲨。鲸鲨与其他鲨鱼不同，它性情温和，体形巨大，长度一般超过20米，主要以进食浮游生物为生。

沙克湾地处热带和亚热带之间，给海洋动物提供了良好的生存环境，是各种洄游性鱼类的必经之处。比如座头鲸每年冬季从南极海域北上，9月前后在海湾内寻找配偶、繁衍后代。沙克湾内生长着12种海藻，海藻的分布面积广阔，总面积达4800平方千米。

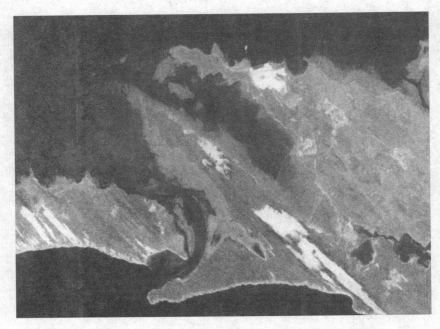

沙克湾内有许多浅水地区，这些地区是进行跳水和潜水的良好场所。

沙克湾还有一种珍稀动物——儒艮，它们定期浮出水面呼吸，常被人认做"美人鱼"，给人们留下了很多美丽的传说。这里是世界上儒艮的最大产地，大约有一万多头。儒艮别名"人鱼"，属于儒艮科，又叫"海牛"，是大型哺乳动物，全身有稀疏的短细体毛，没有明显的颈部，头部较小，上嘴唇似马蹄形，吻端突出有刚毛，两个近似圆形的呼吸孔并列于头顶前端，无外耳郭，耳孔位于眼后。无背鳍，鳍肢为椭圆形，尾鳍宽大，左右两侧扁平对称，后缘为叉形，鳍肢的下方有一对乳房，背部以深灰色为主，腹部颜色稍淡。儒艮体长可达 4 米，性情温和，胆子很小，雌性儒艮寿命可达 70 岁。儒艮的身体呈纺锤形，体重 300～500 千克。儒艮为海生草食性兽类，其分布与水温、海流，以及作为主要食物的海草分布有密切关系。其多在距海岸二十米左右的海草丛中出没，有时随潮水进入河口，取食后又随退潮回到海中，很少游向外海。以 2～3 头的家族群活动，在隐蔽条件良好的海草区底部生活。

产于澳大利亚的海龟大多是食肉动物，大规模的海龟聚集从 7

月底才开始，尽管海龟的繁殖季节通常是在此之后。传统上，海龟和儒艮是其产地的土著居民餐桌上的佳肴。但在沙克湾地区，这两种动物并没有受到它们在世界其他地区所受到的生存压力。

宽阔的珊瑚丛是水下观赏的一大美景。珊瑚礁块的直径大约有五百米，其间充斥着众多的海洋生物。无数色彩斑斓的珊瑚竞相映入人们的眼帘，蓝色、紫色、绿色、棕色等等，真是美不胜收。

沙克湾拥有面积最大的海草平原。在其他地区，通常只有一两种海草分布于很大的地理区域内。但在沙克湾地区有十几种。海洋公园和在科学上具有重要意义的海草平原是沙克湾这一世界自然遗产的重要组成部分。

沙克湾地区的海湾、水港和小儒艮岛支撑着一个庞大的水生生物世界，海龟、鲸、对虾、扇贝、海蛇和鲨鱼在这个地区都是很常见的水生生物。珊瑚礁、海绵和其他的无脊椎动物以及热带和亚热带鱼类形成一个很独特的生态群落。但是在沙克湾这个生态系统中最为基础的支撑还是"海草牧场"。

峡湾国家公园

峡湾国家公园地处新西兰地震多发地带。公园里的景观独特且多种多样，有峡湾、岩石海岸、悬崖峭壁、高山湖泊和众多瀑布，这些景观都是冰川多次作用的结果。

峡湾国家公园位于新西兰南岛上。它建立于 1952 年，面积 12120 平方千米，是世界上最大的国家公园之一。1990 年，峡湾被列为联合国世界遗产保护地区，被称为"蒂瓦希普纳姆"，意为"绿宝石之地"。这个地区不仅有最珍贵的矿产资源，还有很多瑰丽的奇景和稀有的生物。

公园里的景观独特且多种多样，有峡湾、岩石海岸、悬崖峭壁、高山湖泊和众多瀑布，这些景观都是冰川多次作用的结果。这些自然环境的奇妙景观引人入胜。冰川活动发生在 100 万年前，在冰川移动过程中削尖了各个山峰，开凿了每条峡谷和所有的湖泊，也拓宽了峡谷的"V"字形谷底。

峡湾国家公园被称为蒂瓦希普纳姆——意为"绿宝石之地"。这个地区有十分丰富的矿产资源。

峡湾国家公园临海的奇特地势形成了 14 个巨大的裂口。这 14 个巨大的裂口形成 14 个峡湾，总长 44 千米，最深处有 500 米。这些峡湾分布在公园的西海岸和南海岸。最大的峡湾要数米尔福德峡湾，河流向内陆延伸 22 千米，峡湾水面与山崖垂直相交。这里古时候为高原，经风雨冰雪的侵蚀，形成了高山峻岭、悬崖绝壁、河川湖泊。因为海湾峡地有如此错综复杂的地貌，所以被誉为"高山园林和海滨峡地之胜"。

新西兰短尾蝠是一种小型蝙蝠，是最喜欢地栖的翼手类动物，在陆上行动非常敏捷。在森林中可能栖居于树洞、山洞或裂隙内，有时在朽木上挖穴而居。以果实、花蜜、花粉和昆虫等为食。

在公园里所有的山涧中几乎都能看到大大小小的各种瀑布，这些瀑布或叮咚或轰鸣，汇成动听的天然交响乐。

峡湾国家公园 2/3 的面积都覆盖着森林，海洋一直延伸至公园茂密的森林深处。长达 500 千米的四通八达的步行道使游客可以欣赏到有着山峰、高山湖泊、布满苔藓的山谷的原始世界。这里的树木大多是南方山毛榉和罗汉松，在这里游客还能够观赏到生长了 800 年的古树。海拔 300 米以上的地段上有芮木泪柏。这里的自然环境

如此奇妙，使得地球上很少有什么地方能和它媲美。园内还有 25 种稀有的或濒临灭绝的植物，22 种本园特有的植物，21 种分布区域极小、集中于峡湾地带的植物。此处土生土长的陆地哺乳动物仅有一种，就是蝙蝠，这里还有不少海洋哺乳动物，主要是海狮，有五万多头。海岸边有毛海豹、海豚、黄眼睛企鹅等，鸟类中有大量土生鸟，如本地企鹅。峡湾国家公园还是塔

黄眼企鹅居住于新西兰南岛的企鹅保护区内，既不住在冰上，也不住在岩石上，而是住在海边的灌木丛中。白天出海觅食，到了傍晚才回到隐秘的巢中过夜。

卡赫鸟（一种新西兰秧鸡，不善飞、能游泳）、世界上最大的鹦鹉——卡卡波鸟、棕色几维鸟和扇尾镐的生长和栖息之地。其中扇尾鹅是濒临绝种的鸟类。

峡湾国家公园最大的蒂阿瑙湖，长约六十一千米，面积约四百平方千米，最宽处不足十千米，湖体狭长，西部三个狭长湖峡形如低头吃草的长颈鹿，直插山间。湖西岸山深林密，是狩猎胜地，有上千个寻幽探秘之处。湖滨还有 1948 年发现的岩洞，洞里有地下河和两个地下瀑布，并有与北岛的怀托莫溶洞相似的萤火虫奇观。湖北面有米尔福德海峡，深入陆地约十四千米，两岸海拔约一千七百米的米特雷峰和高约两千一百米的彭布罗克山相对耸立，悬崖削壁直立水中。

马纳波里湖，毛利语为"伤心湖"，长约三十千米，面积约一百九十平方千米，是峡湾国家公园里最深的湖泊，最深处达 443 米。湖内有许多小岛，较大的岛屿约有三十个。湖的周围群山环抱，碧波闪闪，岛屿隐现，被誉为"新西兰最美的湖"。

美 洲

MEIZHOU

落基山脉

落基山脉是北美大陆重要的气候分界线和河流分水岭。落基山脉的高山峰顶多冰川地貌，中段和南段的植物垂直分布显著，游人可在这里观赏到不同风光。

落基山脉的名称源自印第安部落名，有时还译做"洛矶山脉"，这座山脉是美洲科迪勒拉山系在北美的主干，由许多小山脉组成，被称为"北美洲的脊骨"。

落基山脉绵延起伏，从阿拉斯加到墨西哥，南北纵贯约四千八百千米，几乎纵贯美国全境。整个落基山脉由众多小山脉组成，其中有名字的就有 39 条。大部分山脉的海拔达 2000 ~ 3000 米，有的甚至超过了四千米，这些山脉高耸入云，白雪覆顶，极为壮观。如埃尔伯特峰高达 4399 米，加尼特峰高达 4202 米，布兰卡峰高达 4365 米。贾斯珀、班夫、库特内和约霍 4 个国家公园和罗布森山、阿西尼博因山、汉姆伯 3 个省立公园，组成了"加拿大落基山脉公园群"。

班夫国家公园是著名的避暑胜地，在 1887 年开放，成为加拿大第一个保护区公园，并由此建立了加拿大国家公园的体系。公园里有冰峰、冰河、冰原、湖泊、高山草原和温泉。班夫国家公园水秀峰奇，居北美大陆之冠。贾斯珀国家公园是公园群中最大的公园，园内有山川、森林，还有冰河和湖泊。约霍国家公园和库特内国家公园都位于不列颠哥比亚省公园中的景观分布在冰雪覆盖的群山之间，因为

落基山脉南北延伸甚远，是北美大陆重要的气候分界线，南端为亚热带北缘气候，北端为北极气候。降水一般北多南少，北方约为南方的 3 倍，南方气候大多干燥。

发现了"布尔吉斯页岩"而被列选为世界自然遗产。

落基山脉的另一大自然奇观便是形成于各个地质时期的山脉、峡谷、冰川和冰河的遗迹。这里仿佛是一座天然的自然博物馆，将人类学、生物学、考古学、地理学、气候学和环境生态学的知识融合在一起，以直观的方式呈现在游客面前。

北美洲的所有大河几乎都源于落基山脉，这座山脉是重要的大陆分水岭。塔卡考瀑布以 410 米的落差发出巨响；被群山环绕的麦林湖、麦林峡谷是公园内不可多得的观赏胜地；园内伯吉斯谢尔岩石里有一百五十多块寒武纪中期的海产化石，其中一些已不为今人知晓。

北落基山脉包括黄石公园北部，一直延伸至加拿大境内的山地。这部分山地过去冰川活动十分活跃，由于冰川的作用形成了特殊的地貌。山地复杂的地层结构和强烈的火山作用，使得这里孕育了丰富的有色金属矿藏，美国第二大铜矿就建立在这里，银、铅、锌等矿产量占美国的一半，铜矿石年产 200 万吨以上。山地主要由沉积岩构成，庄严的山峰和"U"形山分别代替了松软的高原。

中部落基山地则以高原为主，中间有些山块。中部山地还有一个巨大的怀俄明盆地，四周高山环绕，气候干燥，年降雨量少于 350 毫米，几乎寸草不生，属于半荒漠景观地带。落基山脉雄伟壮观，

落基山脉丰富的动植物也享有盛名。公园里已确认有56种哺乳类动物，在高地有落基山山羊、大角绵羊，森林地带有篦鹿、灰熊，水边则居住着海狸等。植被则具有垂直分异的特点，植物群落因高度、纬度和日照而有极大不同。

风光独特，美国政府早就在此地兴建了三座国家公园，即黄石公园、冰河公园和大台顿公园。

火山运动对这里的地质构造影响很大，复杂的地质构造形成了温泉和间歇泉，其中最有名的间歇泉就是黄石公园的"老实泉"。

南部落基山地包括怀俄明盆地以南、北普拉特河上游东岸向南的山地。这部分山地大多呈南北走向，平行罗列，到处可见山间小溪，水流清冽、山花摇曳，十分秀丽迷人。其中埃尔伯特山海拔最高，也是整个落基山脉的最高点，海拔4399米。终年覆盖积雪，形成奇特异常的冰斗、冰凌。

艾伯塔省立恐龙公园

大约在六千五百万年前，恐龙遭遇了一场特大的浩劫，从此以后，恐龙从这个星球上消失了。今天的人们只能通过恐龙化石来研究当年的那段历史。而省立恐龙公园则是研究恐龙化石的绝好去处。

世界上最大的恐龙"公墓"——省立恐龙公园位于加拿大艾伯塔省荒野的中心地带、布鲁克斯附近的红鹿河岸的荒原上。这个恐龙公园与中国自贡恐龙博物馆，还有美国犹他州国立恐龙纪念馆并称为世界上具有恐龙化石埋藏现场的"三大恐龙遗址博物馆"。

1884 年，在这里，古生物学家蒂勒尔发现了著名的艾伯塔龙。1910 年—1917 年，古生物学家在此挖掘出六十多种、三百多具恐龙化石，几乎包括了所有已知的著名恐龙化石。最古老的化石甚至可以追溯到 7 500 万年前。1955 年，省立恐龙公园成立。1979 年，省立恐龙公园被列入《世界遗产名录》。公园以丰富的化石层、奇特的崎岖地带和罕见的沿河生态环境三大景观闻名于世。

经过科学验证，省立恐龙公园的沉积物跨越了 200 万年，主要分为三个地层：熊爪地层在最上面，恐龙公园地层在中间，老人地层在最下面。地层位于亚热带沿海低地，接近于西部内陆水道，以前曾

7500 百万年前，那时艾伯塔省南部的气候就像现在路易斯安纳州一样温暖。生长着茂盛的亚热带森林，龟和鳄鱼大量繁殖，大批恐龙在这里繁衍生息。

被大河穿过，包含了无数的化石。最晚的地层是到白垩纪晚期，大约七千五百万年前，时间跨度约有一百万年。

恐龙公园闻名遐迩的主要原因就是因为这里有数量庞大、种类繁多、保存完好的恐龙化石。现已出土的六十多种 6000~8000 万年前的恐龙样品，分 7 科 45 属。加拿大国内外的古生物学者曾经疯狂地采集恐龙化石送往世界各地的博物馆。到了 1955 年，恐龙公园建立，化石区正式受到法律保护，从此以后游人就只能在有关部门的组织下，到指定的地区参观游览。

省立恐龙公园发现的化石种类相当丰富。爬行类有蜥蜴、龟、鳄鱼、恐龙；两栖类有蛙、蝾螈等；鱼类有白鲟、鲨鱼、雀鳝等。还有鸟类和哺乳动物的化石也被发现。已发现的恐龙种类有：鸭嘴龙科、棱齿龙科、暴龙科、似鸟龙科、驰龙科、伤齿龙科等。

恐龙公园里有一座古生物博物馆，是以第一个在这里发现"艾伯塔龙"的古生物学家 J. B. 蒂勒尔的名字而命名的。"艾伯塔龙"属于肉食性的霸王龙，眼睛长在头骨较高的地方，强大的躯体由一对足形的盆骨支撑着。

霸王龙

　　恐龙公园内埋藏恐龙化石的地带十分崎岖，雨水侵蚀而成的沟壑纵横交错，山丘都是裸露的砂岩。因硬度不同，砂岩分为若干层次，较坚硬的砂岩层覆盖在较松软的砂岩层之上，形成了蘑菇状小丘，被人称为"仙女壁炉"。

　　省立恐龙公园内的三个生态区有许多种动植物。在干旱炎热的荒野中生长着仙人掌、黑肉叶刺茎藜和数种鼠尾草属植物；谷地的边缘是大草原；潮湿的河岸上有三叶杨和柳树以及唐棣、玫瑰、水牛果等灌木生长。5 月和 6 月是不错的观鸟季节，在三叶杨林中很容易看到鸣鸟、啄木鸟和水禽。其他的动物有棉尾兔、丛林狼和白尾鹿等。在辽阔的草原上有时还可以看到叉角羚。

艾伯塔龙是早期的霸王龙类，有很多大牙齿的颚骨及两只手指的细小前肢。现已有超过 20 头艾伯塔龙的化石被发现，为后人提供了很多的研究资料。

　　恐龙公园的第三大景观是红鹿河两岸的生态环境。这里类似北美荒原的狭长地带，生物环境复杂多样。陆地上草木繁茂，在许多地方还生长着罕见的植物。这里鸟类的数量也十分惊人，其中还有濒临灭绝的金鹰和草原隼。

密西西比河

西比河是世界第四长河流，也是北美洲地区最重要的一条内陆经济河流。现今人们正在利用密西西比河进行大规模航运运输，密西西比河的运输作用正在加强。

密西西比河同南美洲的亚马孙河、非洲的尼罗河和中国的长江并称为世界四大长河，全长 6262 千米，名列世界第四。密西西比河位于北美洲中南部，也是北美洲流域面积最广、流程最长、水量最大的河流。"密西西比"来源于印第安人阿耳冈昆族语言，"密西"和"西比"分别是"大、老"和"水"的意思，"密西西比"即"大河"或"老人河"。密西西比河北起五大湖附近，南达墨西哥湾，东接阿巴拉契亚山脉，西至落基山脉，南北长达 2400 千米，东西宽 2700 千米，流域面积 322 万平方千米，约占北美洲面积的 1/8。

源头艾塔斯卡湖到明尼阿波利斯和圣保罗，这一段是密西西比河的上游，地势低平，水流缓慢。密西西比河的中游从明尼阿波利斯和圣保罗至俄亥俄河口的开罗，长 1373 千米，两岸先后汇入奇珀

瓦河、威斯康星河、得梅因河、伊利诺伊河、密苏里河和俄亥俄河。

密西西比河支流像一棵大树上茂密的枝干似的分布在整个流域之中。众多的支流联系着大半个美国的经济区域。整个水系流经美国本土的 31 个州，加拿大的 2 个州，绝大部分在美国境内，占美国全部领土的 2/5 左右。

密西西比河流域内大部分都是平原，为美国中南部提供了丰富的灌溉水源和工业、生活用水。历史上每当春夏之季，河水暴涨，中游以下沿河低地极易泛滥成灾，有"美洲尼罗河"之称。1928年，美国政府制订了全面整治密西西比河的防洪法案和干支流工程计划，干流中下游河段均建造防洪堤坝。经过几十年的努力，密西西比河给美国带来了防洪、航运、水电、灌溉、养鱼等方面巨大的经济效益。

密西西比河的上游都是发育在古老的岩面上，还经过强烈的冰蚀，风景优美但土质很薄，河岸往往是坚岩外露，形成了无数个星罗棋布的湖泊。其中最有代表性的就是密苏里河。

密苏里河主流发源于美国西北部地区，落基山脉的黄石公园附近。这一地区水土流失比较严重，流域水源主要靠高山雪水补给。泥沙含量在密西西比河流域内的干、支流中首屈一指，年平均含沙量达 3.1 亿吨，约占整个密西西比河每年输入海洋中的泥沙量的 75%。所以美

密西西比河最主要的支流有密苏里河、阿肯色河、俄亥俄河、雷德河和田纳西河等。密西西比河的河水像乳汁一样哺育了整个流域的人们，美国人民长期以来称源远流长的密西西比河为"老人河"。

国人曾称密苏里河为"狂暴的大泥泞河"。每当大雨过后，浑浊的河水像泥流一样，滚滚流入密西西比河中，在密苏里河口以下一百多千米的范围内，浑浊的密苏里河河水与清澈的密西西比河河水，这时还能分辨开来。

　　密西西比河沿岸还有美国中北部最年轻的大城市——"双子城"，也称"千湖之城"，这里是美国重要的轻工业中心之一，也是美国中北部较大的商业、金融、电子、农业机械和运输机器制造中心。这里还是重要的枫树产地。枫树木材可制成家具或供建筑之用，又能绿化大地，美化环境，还可以提取枫糖，可以说是美国十分重要的经济作物。现在这里已经开发成了游览区，每年来观赏和采摘红叶的人数不胜数。

科罗拉多大峡谷

科罗拉多大峡谷被称为是"地球的伤痕"，它是地球上令人触目惊心的一道自然奇景，也是地球地貌沧海桑田、日月变换的佐证。它凭借其错综复杂、色彩丰富的地面景观而驰名。

科罗拉多大峡谷是举世闻名的自然奇观，是地球上唯一能够从太空中用肉眼观察到的自然景观。许多到过此地的人都为之感叹：只有闻名遐迩的科罗拉多大峡谷才是美国真正的象征。

科罗拉多大峡谷位于美国亚利桑那州、科罗拉多高原上，由于科罗拉多河穿流其中而得名。科罗拉多河发源于科罗拉多州的落基山，洪流奔泻，经犹他州、亚利桑那州，由加利福尼亚湾入海。"科罗拉多"在西班牙语中的意思是"红河"，这是因为河中夹带大量泥沙，河水常显红色。大峡谷全长350千米，平均宽度16千米，平均谷深1600米，最大深度1740米。

1919年，威尔逊总统将大峡谷地区开辟为"大峡谷国家公园"，1980年，联合国教科文组织将其列入《世界遗产名录》。

大峡谷总面积接近三千平方千米，真正身临其境的人，只能从峡谷南缘或者北缘欣赏到大峡谷的局部景观。这倒是应了"不识庐山真面目，只缘身在此山中"的道理。

大峡谷并不是世界上最深的峡

科罗拉多大峡谷的形状极不规则，大致呈东西走向，蜿蜒曲折，像一条桀骜不驯的巨蟒，匍匐于凯巴布高原之上。科罗拉多河在谷底汹涌向前，形成两山壁立，一水中流的壮观奇景。

谷，但是它凭借其错综复杂、色彩丰富的地面景观而驰名。大峡谷山石大多为红色，从谷底到顶部分布着从寒武纪到新生代各个时期的岩层，层次清晰鲜明，色调各异，并且含有各个地质年代的代表性生物化石，因此又被称为"活的地质史教科书"。

科罗拉多大峡谷的形成经过了漫长的历史岁月，在几千万年甚至几万万年中，科罗拉多河的激流一刻不停地冲刷着它。大峡谷两岸都是红色巨岩断层，岩层嶙峋，堪称鬼斧神工。两岸重峦叠嶂，夹着一条深不见底的巨谷，显得无比的苍劲壮丽。非常奇特的是，伴随着天气变化，水光山色变幻莫测，天然奇景蔚为壮观。

更为奇异的是，这里的土壤大都呈褐色，但在阳光照耀下，依太阳光线的强弱，岩石的色彩变幻无穷，时而是棕色、时而是深蓝色、时而又是赤色。这时的大峡谷，宛若仙境般七彩缤纷、苍茫迷幻，好像一块巨大的调色板，又似仙境落人间。这种自然现象的产生是由于大峡谷谷壁的岩层中含有不同的矿物质，它们在阳光的照耀下反射出不同的色彩导新的。铁矿石在阳光下会形成红、绿、黑、棕等颜色，石英岩也会显出白色，其他氧化物则产生各种暗淡的色调。多变的色彩更加彰显出大自然的斑斓诡谲，扑朔迷离。

蜿蜒于谷底的科罗拉多河曲折幽深，峡谷中部分地段河水激流奔腾，所以沿峡谷漂流成为吸引游人的探险活动。

由于大峡谷的地层结构不同，疏密有别，加之地质年代各异，经河水冲刷后，就形成了许多形状奇特、变化无穷的岩峰峭壁和洞穴，有的如蜂窝，有的如蚁穴，有的尖耸如宝塔，有的堆积如砖石。当地人按其各自的形态、风格，对这些大自然的杰作，冠以一些含有神话故事的美名，如阿波罗神殿、狄安娜神庙、婆罗门神庙等等。大峡谷中有

科罗拉多大峡谷周边的高原上被雕刻出一道巨大的鸿沟，并赋予它光怪陆离的形态，大致呈东西走向。

几处名传天下的胜景，它们是"天使之窗""皇家山谷""帝王展望台"和"光明天使谷"等。其中，"天使之窗"位于南缘，它是在一面山峰上出现的一个通天空洞。

科罗拉多大峡谷与几十个国家公园相连，其中最为著名的是塞昂国家公园、拱门国家公园、布赖斯国家公园和纪念谷等。

大峡谷不仅风光旖旎，而且野生动植物种类繁多，堪称一个庞大的野生动植物园。据统计，目前已发现的禽类、鸟类、哺乳类动物、爬行和两栖类动物达四百多种，而名种植物则多达 1500 种。

奥林匹克国家公园

在这幽深静谧的雨林之中，无处不是一片苍翠，使人仿佛潜身绿海之中，置身于琉璃世界。多样的生物、壮观的海边风光、繁盛的雨林和雄伟的奥林匹克山，让人流连忘返。

奥林匹克国家公园位于美国华盛顿州西北角的奥林匹克半岛上，濒临太平洋。奥林匹克国家公园总面积为 3628 平方千米，是美国最大的自然公园之一。从奥林匹克山脉积雪的山顶一直延伸到长满蕨类植物的雨林深处，这座公园的景色都是那样迷人。

奥林匹克国家公园由雪山、温带雨林和海滨三部分组成，从海边的温暖潮湿到高山上的严寒，游客可在一次游览经历中体会一四

奥林匹克国家公园内连绵不绝的雪山如一条银龙，好似正在等待时机，准备一飞冲天。举目望去，一个冰雪肃穆的世界呈现在游人面前。

时不同的气候以及相应不同的自然生态。奥林匹克半岛是具有多种自然形态和自己独特的生物系统的区域，并成为游隼、本南特貂和斑纹猫头鹰等濒危动物的理想乐园。

奥林匹克国家公园是一个以雨林景观为特色的公园。在公园西南部的三条河谷地带，冷杉、云杉、铁杉、雪松、地衣，以及菌藻都混杂生长在一起，构成了一幅典型的雨林植被图，引人入胜。置身林中，地上是厚厚的青苔，头顶仅有几缕昏黄的光线透过密集的树丛射入，幽静异常。而四周巨大的羊齿植物和藤蔓缠绕的枫树又为这个世界平添了一份神秘与魅力。

奥林匹克国家公园与它附近的几个国家公园都位于板块的交界处。大约在五千五百多万年以前，频繁的海底火山活动产生了大量的玄武岩熔岩，最终陆地拱出了海面，形成了一系列的活火山，以及现在的华盛顿州海岸。又经过两千五百多万年强烈的地质运动，这些熔岩变质为沉积岩，经过海水的冲刷形成了半岛，同时因为这些沉积岩的不断上升，海洋的潮气被封闭在半岛之中，慢慢地形成了溪流。从太平洋海面上吹来的温暖而潮湿的空气被奥林匹克山脉挡住，气流沿山坡上升而冷却，在高山上形成降雪，在半山腰处则形成降雨。高山上的积雪终年不化，形成大大小小的冰川。这样的冰川在奥林匹克国家公园中存在着六十多座，它们都在默默地记录着岁月的流逝。在半岛中间，岩石被大自然以不可思议的力量移动着，终于形成了胡安德富卡峡谷和奥林匹克山脉。

奥林匹克国家公园这个以雨林为特色的公园，由于它位于太平

洋狭长的沿海地带，由三处生态系统截然不同的山地组成，因此经常被称作"三合一公园"。公园胜景包括冰雪封顶的奥林匹斯山、山区草地、岩石林立的海岸线，这里还有世界上数量极少的温带雨林。温和、潮湿的空气遇到山坡产生了大量降雨，年降水量超过 3600 毫米。繁茂的温带雨林在这里苗壮生长，凉爽、湿润的气候使这里呈现出一派葱翠的雨林风光。在海岸边，退潮时人们可徒步走到一些岛屿上，在那里可以观赏到诸如海星、海胆、海带等海洋生物，如果天气好，那里还是看日落的好去处。

奥林匹克国家公园是一个动物的天堂，这里有当今世界最大的鹿种——奥林匹克种大鹿，另有黑熊等 56 种动物在此生活。奥林匹克国家公园给世人呈现出一派生机勃勃的景象。

在这壮观的雨林中，95% 的地区仍保存着其原始的野生面貌，是奥林匹克公园给人类的一份礼物。

奥林匹克国家公园还是动物的乐园，这里的奥林匹克种大鹿，是当今世界最大的鹿种。在此栖息有五十多种哺乳动物，其中大约有五千头美洲麋鹿，300 只雪羊，此外还有美洲狮、黑熊、金花鼠、奥林匹克有袋玄鼠等；180 种鸟类，如游隼和斑鸠。山谷中生长着巨大的针叶树，岩石嶙峋的海边生活着许多海洋生物，使这里成为观光、露营和垂钓的好去处。

多样的生物、壮观的海边风光、繁盛的雨林和雄伟的奥林匹克山，所有这一切都使奥林匹克国家公园成为一处迷人的胜地。

红杉树国家公园

漫步在薄雾弥漫的红杉林，会让人愈加觉得自己的渺小。笔直的树干看不见顶端，处处透着古老、压严与静谧的氛围，仿佛具有一股神秘的力量。而清脆的鸟鸣则使寂静的森林回荡着美妙的乐章。

红杉树国家公园位于美国加利福尼亚州的海岸边，近海处是大面积的海岸红杉，向内陆延伸后则以山脉红杉为主。红杉树国家公园内涵盖了两种截然不同的自然地理环境：一是崎岖的海岸，绵延 55 千米的海岸线，不乏陡峭的岩壁与宽阔的海滩；

一是临海的山脉，从海平面到海拔 950 米的高度差异，加上 2500 毫米丰沛的年平均降雨量和终年湿润的海洋性气候，使红杉树国家公园呈现出缤纷多彩的自然生态风貌。已被记录的植被种类多达 856 种，其中 699 种是土生土长的，最具优势的植被形态则

是红杉。至于公园内的野生动物，仅哺乳类就有 75 种，南部有大群的马鹿，海边时常见到灰鲸。潮湿地带及水流还为候鸟提供了觅食和休息之所。已记录有两百多种鸟类在公园内生活过。此外，这里还栖息着受保护的猛禽游隼。

红杉又叫美洲杉，长得异常高

大，树干呈玫瑰般的深红色。红杉的寿命也特别长，有不少已有2000～3000年的树龄，是恐龙时期生长的巨大的常青树的后代，它们喜欢潮湿的生存环境，需400年才能成材，最老的红杉树已经存活了5000年。红杉材质优良，树干由厚实、坚韧、耐火的树皮包裹着。由于树皮较厚，且含脂量小，树身得以具有如海绵般的强吸水性能，所以它具有很强的抗病虫害和防火能力。

化石记录表明，红杉是距今2.08亿～1.44亿年侏罗纪时期的代表植物，分布在北半球的广大地区。现在它们的生长范围较小，只生存在从美国加利福尼亚州内华达山南端向北至俄勒冈州南部的克拉马斯山，约四百五十平方千米的地区内。红杉树高大遮阴，在自然竞争中处于强势，形成了较为单一的植物群落。

红杉的树干或树枝上长着许多呈半球状的树瘤，这些树瘤不仅可以用来制作工艺品或木碗、木盘等，还能够延续红杉的生命。如果红杉被火烧死或被砍掉、被风吹折断，树瘤组织便会发育出上百棵幼苗，由树的根系供给营养。用不了多久，小红杉就会环绕这棵"父母树"形成一个圈，郁郁葱葱，煞是可爱。

红杉树国家公园内体形最大的陆地哺乳动物是罗斯福麋鹿，它们经常成群出没在林间的边缘地带。罗斯福麋鹿是为纪念美国历史上最伟大的总统之一西奥多·罗斯福而命名的，它与北边奥林匹克半岛上的麋鹿属同种。公麋鹿长有鹿角，一头成熟的公麋鹿可重达五百多千克。黑尾鹿也常出现在空旷的地方，黑熊则多分布于红杉溪地区，其他较不容易被看到的野生动物，如浣熊、野兔、地鼠、山猫、狐狸、郊狼、蛇等也多分布在红杉溪地区。

世界上其他地区的树，像太平洋西北的洋松、加州内华达山脉的巨杉，以及澳大利亚的桉树也都能

红杉又名海岸红杉、常青红杉、北美红杉、加利福尼亚红杉，通称红杉。主要分布于美国的加利福尼亚州北部和俄勒冈州西南部的狭长海岸。红杉是自然界光合效率最高的植物之一，所以生长速度特别快。

长得很高，但经过科学测量，迄今没有一种能达到加州海岸红杉所保持的世界纪录。

经受着狂风暴雨的洗礼，红杉树代代相传，生生不息，已经在地球上生长了一亿多年。经过"恐龙灭绝"的时代，闯过"冰河期到来"的时代……经受了地球上种种环境的变化直至今天，而它们未来的命运，却掌握在人类的手中。

黄石国家公园

黄石国家公园由水与火锤炼而成的大地原始景观被人们称为"地球表面上最精彩、最壮观的美景"，被描述成"已超乎人类艺术所能达到的极限"。

黄石国家公园位于美国西部北落基山和中落基山之间的熔岩高原上。在公园里可以看到令人印象深刻的地热现象，这里拥有世界上最多的间歇泉和温泉，还有景色独特的黄石河大峡谷、化石森林，以及黄石湖。同时，黄石国家公园还因生活着灰熊、狼、野牛和麋鹿等野生动物而闻名于世。

黄石国家公园是美国设立最早、规模最大的国家公园，也是世界上最原始、最古老的国家公园。它就像中国的长城一样，是外国游客必游之处。

黄石国家公园99%的面积都尚未开发，是一个实实在在的荒野，也是保存于美国本土的48个州中少有的大面积自然环境之一，这里拥有数量众多、类型多样的物种，各种动物在这里得以繁衍生息，其中种类最多的是哺乳动物。

黄石国家公园自然景观分为五大区：玛默区、罗斯福区、峡谷区、间歇泉区和湖泊区。五个景区各具特色，但有一个共同的特点，就是地热奇观。

黄石国家公园是地热活动的温床，有一万多个地热风貌特征，这里的地热景观是全世界最著名的。上百个间歇泉喷射着沸腾的水柱，

在黄石公园厂袤的天然森林里有世界上最大的间歇泉集中地带，全球一半以上的间歇泉都集中在这里，这些地热奇观是世界上最大的活火山存在的证据，同时也是黄石公园一大奇景。

冒着滚滚蒸气，好似倒转的瀑布，它们从火热而黑暗的地下不时喷涌而出。一些间歇泉的水柱气势磅礴，像参天大树一样，其直径从1.5 米到 18 米不等，高度为 45～90 米。巨大的力量可以使它在这样的高度上持续数分钟，有的可持续将近一个小时。黄石国家公园内有三千多处温泉，其中间歇泉 300 处，许多间歇泉的喷水高度超过30 米，最著名的"老忠实泉"因很有规律地喷发而得名；"蓝宝石喷泉"水色碧蓝；"狮群喷泉"由 4 个喷泉组成，水柱喷出前发出像狮吼的声音，接着水柱射向空中。

黄石公园 85% 的面积都覆盖着森林。这里的植物，经常面临着很大的灾难，那就是森林大火。因为山火肆虐，不少树种分布得越来越稀疏。然而，在自然演化过程中，生活在黄石国家公园的很多植物和动物，已经适应了间歇周期较长的大火，甚至其中有些物种，还必须以火来保证它们的生存与繁衍。例如扭叶松就凭借它顽强的生命力，不仅生存下来，而且在逐年扩大自己的领地。

其实扭叶松也很易于燃烧，它的树皮很薄、很脆，一旦发生火灾，它和其他树木一样难以逃脱。但是，扭叶松时刻做着死亡和转世再生的准备，它用坚固而紧闭的松果将种子储藏起来（这些松果可以将种子保存 3 年至 9 年）。这样，就不怕山火肆虐了。因为松果只是被烧焦，表面熏黑了，一旦浓烟散尽，它们就崩裂开来，将其中的种子播撒在广阔的地面上，于是新的一代从灰烬中萌生，而且充满勃勃生机。到今天，它均匀而稠密地分布在公园各处，几乎把整个公园都变成了自己的王国。

在北美草原上，北美野牛是北美洲比较凶悍的动物之一，体重达一千千克左右，头顶长有锋利的双角，即使面对最富攻击性的肉食性动物，北美野牛也毫不退缩。

黄石国家公园还是美国最大的野生动物庇护所和著名的野生动物园，这里有三百多种野生动物，还有六十多种哺乳动物、18 种鱼和 225 种鸟。熊是黄石国家公园的象征。园内有一百多头灰熊，两百多头黑熊，从前，游人在路边常常可以看到它们，不过不是骇人的，而是逗人爱怜的景象：一只大熊带着一两只小熊，阻住游人的汽车伸手乞食，煞是可爱。

野牛曾遍布整个美洲大陆，但是，人类一场场的猎杀使野牛几乎绝种。在 19 世纪末，美国境内仅有位于蒙大拿州的国家野牛保护区及黄石公园还有少数的野牛生存，不过也只有一百多头。

布莱斯峡谷

布莱斯峡谷位于美国犹他州的南部，科罗拉多河北岸。它是以拥有形态怪异、颜色鲜艳的岩石峡谷而闻名的游览胜地，其中褐岩红石最为引人注目。

千年的狐尾松凛凛而立，奕奕生威，饱经风霜的歪干粗皮显示岁月的磨难，绽放新绿的细枝嫩叶展现生命的顽强。

布莱斯峡谷以奇形怪状的风化岩石著称，特别是褐岩红石十分惹眼。这里的岩石受风霜雨雪侵蚀呈红、淡红、黄、淡黄等六十多种色度不同的颜色，加上色彩变幻，使岩石的色泽流光溢彩，娱人眼目。冬季的布莱斯峡谷更是别具一格，蓝天、翠柏、红石、白雪，风姿楚楚，色彩斑斓。1875年，苏格兰拓荒者埃比尼泽·布莱斯在该峡谷底部建立了一个牧场，并在这里定居。当时这里的环境恶劣，生活艰难。布莱斯称这座峡谷是"一个养不活一头牛的地狱"。峡谷的名称就是以他的名字而命名的。

布莱斯峡谷国家公园内有14条深达300米的山谷。谷中遍布形象诡异的岩石，有的像长矛、寺庙、鱼鳖、野兽，有的像城堡雉堞，有的像教堂尖塔。登高远眺，但见层层帷幕、座座城堡、行行剑戟、重重石林，豪放而辽阔，浑然天成。其中红岩石塔更是犹他州所

有岩景之冠。

布莱斯峡谷公园保留了独特的地貌特征，反映了北美大陆形成时期的地理运动状况。它实际上并不是由河流切蚀而形成的峡谷，而是嶙峋的、呈半圆形的高原之端。犹他州南部的地形呈阶梯状，其顶部就是布莱斯峡谷，海拔 2800 米，最低一级位于大峡谷的边缘处。

目前我们所看到的风化岩石经过了近亿年的演化，热胀冷缩使得岩石支离破碎，风暴雨雪又加速了岩石外表的风化。

在六千多万年前，该地区淹没在水里，逐渐形成一层由淤泥、沙砾和石灰组成的 600 米厚的沉积物。那时的布莱斯峡谷地区为温暖的内陆海，沉积物逐渐堆积在海床，后来地壳运动使地面上升。水逐渐排去，庞大的岩床在上升过程中裂成块状。水消失了，原本的海床变成陆地，再经过长久的侵蚀风化，就形成各种造型诡异的岩石柱、岩石锥。

由于峡谷的沉积岩层含有大量的金属元素，丰富的含铁质岩层长时间暴露于空气中，经氧化作用后会呈现出不同的红色，岩层经风化后被刻蚀成奇形怪石。经过风化侵蚀，褐岩红石变得千疮百孔，奇形怪状，竟然展现出一种罕见的残颜落相之美。夕阳红霞的暖光柔影，一展峡谷红颜的娇容，把自然的美丽带给人间。

魔鬼塔

魔鬼塔也被称为魔塔山、魔鬼岩，很多人因电影《第三类接触》中外星人基地的鲜明特色，对其记忆深刻。魔鬼塔玄奇壮观的塔岩，也挑起了人们的好胜心，成为攀岩爱好者心中的胜地。

在美国西部怀俄明州的东北部，一座巨型圆柱体岩石孤独地矗立在临贝尔富什河附近的一片丘陵上，它就是美国著名的魔鬼塔。

魔鬼塔的确是个庞然大物，塔基周围林木葱郁。方圆数十千米范围内，它是制高点，天气晴朗的时候，160 千米以外的人们都能够很清楚地看到它。魔鬼塔自下而上逐渐收缩，顶端直径为 84 米。

进入魔鬼塔国家纪念区后，首先来到一片大草原，如果你仔细看地面，会发现一个个的地洞，洞里生活的就是动物界中一向以害羞著称的北美草原犬鼠的家。草原犬鼠非常怕生，只要有生人接近，

魔鬼塔从一片平地中拔起，气势相当惊人，也因此被电影《第三类接触》描绘成外星人的基地。

立刻窜得无影无踪。草原犬鼠曾经大量生活在北美大草原，从加拿大的萨克其万省一直到墨西哥，一共有 5 个品种，不过在魔鬼塔一带，主要是黑尾草原犬鼠。根据研究，草原犬鼠的家族拥有无数的洞穴地道，在地面上看到的一个个地洞，在地底下连成一个网络，獾、土狼狐、老鹰等最喜猎食犬鼠，而响尾蛇则偏好小犬鼠，在这些天敌的虎视眈眈之下，小小的犬鼠靠灵敏的听觉及视觉保护自身。

草原犬鼠也常称作土拨鼠，是一种小型穴栖性啮齿目动物，原产于北美洲大草原，当地人称之为"草原犬"。草原犬鼠习惯群体的生活，食物以植物为主，其站立及坐下的动作，格外可爱。

魔鬼塔主要成分是火成岩，由岩浆侵入形成，它的硬度比周围的沉积岩要大得多。数百万年之间，当海底逐渐隆起，形成坚硬的陆地，侵蚀作用就开始一点点蚕食沉积岩，只留下这块巨大的火成岩。但火成岩再坚硬，也因无法抗拒自然的力量而受到侵蚀破坏。水渗进柱体之间的空隙，随着温度的变化反复膨胀、收缩，导致一些柱体最终从岩石主体上相继崩落下来。碎裂的柱体散布于塔基，形成岩斜坡。随着风化作用的不断进行，高高的魔鬼塔总有一天要彻底塌落——当然，也许这是几百万年以后的事情了。

死亡谷

死亡谷腹地虽然荒凉，其周围景色却别具一格。死亡谷以鬼斧神工的自然奇观，成为"美国一景"。内华达山脉东麓与谷地交会处，沟壑纵横、怪石林立，月色朦胧中更显得阴森恐怖。

在美国加利福尼亚州与内华达州相毗连的群山之中，有一条特大的"死亡谷"，长225千米、宽8～24千米，低于海平面的面积达1425平方千米。其最低点海拔为−86米，是西半球陆地最低点。

峡谷两"岸"，绝壁如削，地势十分险恶，构造上属于断层地沟。这里也是北美洲最炽热、最干燥的地区，几乎常年不下雨，更有过连续六个多星期气温超过40℃的记录。每逢倾盆大雨，炽热的地方便会冲起滚滚泥流。东西两壁的断层崖，分别构成阿马戈萨和帕纳明特山脉。登上帕纳明特山脉中的特利斯科普山，可俯瞰死亡谷全貌。

居住在这个地方的动物除了响尾蛇、蝎子之外，还有一些像是沙漠壁虎、小狐狸、大角山羊、老鹰和黄莺等。它们出没的时间大多集中在日出前或是傍晚时分，这个时间温度较为凉爽，便于活动。

科学家曾运用航空考察手段，惊诧地发现这个人间地狱竟是飞禽走兽的"极乐世界"。据航测统计，在死亡谷里大约繁衍着三百多种鸟类、二十余种蛇类、17种蜥蜴，还有一千五百多头野驴。

夏季，由于气温极高，地面上大量上升的暖气流便在谷地的上方聚集成云团，当云量足够的时候，便形成了短暂的强降雨，这样，山谷里的植物得到雨水的滋润很快开遍整个死亡谷。

谷地边缘，山峰林立，而这些山峰的自然风貌又各不相同。白天在阳光照射下，五光十色，异常美丽。这里就是死亡谷地区最能吸引游人的地方，有人称它为"画家的调色盘"。死亡谷因它那独特的奇景于1994年被美国开辟为国家风景区，成为人们冬季避寒的胜地。

北美洲海拔最低点就在公园内一个叫做"恶水"的地方。凡是来死亡谷的人，必定会去恶水看看。这是一个低于海平面86米的盆地，一眼望去白茫茫的一片，在阳光下甚是刺眼，很容易误以为是大型的滑冰场或是雪地。其实都不是，是盐！从地面到地下很深都是结晶的盐。随手捻起一点儿品尝，咸咸的，味道不错。死亡谷的谷地中，处处可见这样大片大片白茫茫的盐地。

伯利兹珊瑚礁

加 勒比海域中的伯利兹珊瑚礁不但数量众多，而且特别的优美，它们色彩斑斓，有着各式各样的形态，五颜六色的鱼在珊瑚礁中来回穿梭，更加增添了珊瑚礁的美丽。

著名的伯利兹珊瑚礁保护区，是为了保护这里的珊瑚礁而专门成立的，位于北美洲国家伯利兹以东的加勒比海上。伯利兹珊瑚礁北端临近墨西哥国境，向南一直延伸到危地马拉国境。特内夫群岛、莱特豪斯礁、格洛弗礁等三大环礁群构成了它的外围。一个巨大的环礁湖位于陆地和礁群之间。岛礁密布在三大环礁周围，其总数多达 450 个。

因为加勒比海地处热带海域，平均水温在 20℃ 以上，阳光能照到水下 50 米的地方，所以珊瑚在这样的环境下可以快速生长。这里的珊瑚礁比世界上其他任何地方的珊瑚礁都迷人，它是伯利兹的重要组成部分。每年来这里观赏珊瑚礁的游人络绎不绝，他们在欣赏珊瑚礁美景的同时也给伯利兹带来了巨大的财富。

珊瑚礁是海洋生物圈的重要组成部分。在这里，海洋生物的生存场所由珊瑚礁提供，它们被双壳贝和海胆等动物当做房屋，而珊瑚虫也成为了鹦嘴鱼和豚鱼的食物。体长 4 米、体重达 1 吨的海牛

伯利兹珊瑚礁孕育了众多的海洋生命，是海洋生物重要的生存场所。

滨海沿岸的玛雅遗址处，堆积着各种贝壳，这鲜明的证实了大约 2500 年前，生物礁就已经被用于渔业了。

在浅海里游来游去，红海龟、玳瑁、红脚鲣鸟和黑燕鸥等动物也在这里自由自在地生活着。

红树林等热带海岸地带的耐盐植物就生长在珊瑚岛沿岸，它们为五百多种鱼类、三百五十多种软体动物和其他水生动物提供了食物来源。许多海鸟在此地捕食海鱼，而鸟类的粪便又成为红树林的有机肥料，由此构成了一个完整的生态系统。

公元前 300 年—公元 900 年，滨海的水体被玛雅人广泛地使用，他们在此地相继建造了贸易支柱、庆典中心及埋葬地等设施。此外，保护区北界的巴卡拉尔运河是由玛雅商人于公元 700 年—900 年开凿的。

作为世界上第二大生物礁障壁岛保护系统的伯利兹海底大陆架及其生物礁障壁岛，同时也是大西洋加勒比海地区最大的生物礁复合体。在礁障壁岛的生态系统中，生物分异度极其庞大。许多受保护的生物物种，如海牛、海龟及美洲鳄等都栖息在这里，具有极高的科学研究价值。

夏威夷群岛

夏威夷群岛有广阔的海滨沙滩和湛蓝色的海洋，同时这里也是供人们游泳、冲浪和进行各种水上活动的好地方。在海边的林荫道旁生长着许多椰子树，突显了这里的热带风情。

在浩瀚的太平洋中部有一些美丽的岛屿，它们就是著名的夏威夷群岛。它包括大小岛屿共 132 个，总面积为 16729 平方千米。

众所周知，夏威夷群岛是火山岛，同时也是太平洋上有名的火山活动区。

夏威夷群岛正位于太平洋底的地壳断裂带上，所有岛屿都是由地壳断裂处喷发出的岩浆形成的。直至现在，岛上的一些火山口，还经常发生火山喷发活动。其中包括夏威夷岛上的基拉韦厄火山、冒纳罗亚火山，毛伊岛上的哈里阿卡拉火山。

海拔 1247 米的基拉韦厄火山是一座活火山，是夏威夷群岛中的第一大火山，目前仍然活动频繁。海拔 4170 米的冒纳罗亚火山位于夏威夷群岛的中部，相对于海底的高度大约有九千三百米。白云常常萦绕山顶，山顶忽隐忽现。

在夏威夷，如果没有看到岛上正在喷发的火山是很遗憾的，因为这是夏威夷最壮观的景象。夏威夷的八大岛就是因火山爆发把陆地推出海面而形成的火山岛。夏威夷火山喷发出来的是流动性较大的富含镁铁成分的基性熔岩，虽然喷发活动较频繁，却颇为"文静"，没有强烈的爆炸和大量的喷发物，有利于观赏和观察。这也是夏威夷火山喷发的主要特点。

夏威夷群岛一年四季雨水充足，浓密的森林和草地覆盖着这里的许多丘陵和山地，使此处的自然景色更加优美。由于各种植物和花卉生长繁茂，夏威夷群岛的昆虫也非常多。夏威夷群岛的蝴蝶有

夏威夷全年的气温变化不大，没有季节之分，2月、3月最冷，8月、9月最热，一年四季气温在 14℃ ~ 32℃。

10000种以上，而且有些品种是这个群岛上所特有的。这里有一种罕见的"绿色人面兽身蝶"，它的翅膀展开时长达 10 厘米。所以，许多昆虫爱好者和研究人员都要到这个岛上来采集和研究蝴蝶标本。

夏威夷不仅有海浪、沙滩、火山、丛林等大自然之美，而且因其地处太平洋中央，是美、亚、澳三大洲的海空交会中心，具有十分重要的战略地位，是太平洋上的交通要道，素有"太平洋上的十字路口"和"太平洋心脏"之称。

科隆群岛

在 科隆群岛的任意一个岛上，映入眼帘的都是一片枯干贫瘠的景象，犹如洪荒世界。然而，这里不但孕育着生命，时刻都发生着奇妙的变化，而且每年都吸引着大量的游客前来参观。

科隆群岛原名加拉帕戈斯群岛，它孤零零地矗立在南美洲西部太平洋中间，是较为有名的群岛，主权属于远在岛东 1000 千米的厄瓜多尔。

科隆群岛是一群孤悬在海上的火山岛群，赤道就在岛屿的北边，岛屿南北跨度约四百三十千米。群岛虽然是跨越赤道，但从极地出发的秘鲁寒流经过此地时，群岛被"浸"在冷气流中，因而温度明显降低，形成了既干燥又凉爽的气候，所以只有东北部极小部分的岛屿有珊瑚礁，而在其他岛上都没有。岛上的平均气温约为 25℃，

科隆群岛上生活着世界少见的珍奇动物，具有极大的科研价值，大科学家达尔文就曾到这个岛上考察过，他认为是特殊的环境和食物，使这里动物的外形发生了变化。

海拔较高的地方甚至只有 16℃，正因如此，这里没有热带岛屿的任何特征，也没有热带常见的色彩艳丽的生物。虽然科隆群岛气候干旱，但是仙人掌在这里长得非常好，而且种类繁多，如霸王仙人掌、熔岩

仙人掌等。仙人掌为岛上的各种生物提供了主要的食物来源。虽然此处环境恶劣，但许多生物为了适应环境，进化成特有的物种，这就让人不禁要惊叹大自然的神奇与奥妙了。

这里是动物们的乐园，当地栖息着很多世界稀有动物，其中最为奇特的要属大海龟了。这些大海龟可以长到一米多长，两百多千克重，背上可以驮一两个人。大海龟的性格很温顺，喜欢生活在海岸边草丛里，以仙人掌为主食。大蜥蜴也是这里的奇特动物，有陆生的，也有海生的。陆生的有一米多长；海生的比陆生的数量多，身体也比陆生的大，灰黑色的身子拖着一条很长的尾巴，样子很像恐龙。据说，这种大蜥蜴的始祖产生于中生代，现在只有科隆群岛才有这种动物。

在这个靠近赤道的群岛上，竟然还生活着只有严寒的极地才能生存的企鹅、信天翁、海豹等动物，这是怎么回事呢？原来，它们是跟随秘鲁寒流来到这里的"游客"，到这里后，便在这里安家了。科隆企鹅生活在科隆岛上，由于白天的温度较高，所以它们都躲在岩洞或是岩缝中，直到夜间才出来活动。虽然温度较高，但科隆岛有从南极来的寒冷海流——秘鲁寒流，所以科隆企鹅才能生活在如此炎热的气候中。

瓦尔德斯半岛

有 "动物避难所" 之称的瓦尔德斯半岛位于阿根廷境内的丘布特省的自然保护区内，它濒临大西洋。鲸鱼是半岛最具代表性的动物。2000 年，瓦尔德斯半岛被联合国教科文组织列入《世界遗产名录》。

瓦尔德斯半岛位于阿根廷丘布特省东北部沿海，它一直延伸到大西洋中。这里气候干燥、多风，是典型的冻土草原气候。该岛虽然荒凉、人迹罕至，却有种类繁多的珍禽异兽，因此瓦尔德斯半岛有 "动物避难所" 之称。

人们在瓦尔德斯半岛能看到一幅奇丽、美妙的画面：火烈鸟、海鸥等海鸟遮天蔽日，自由自在地盘旋、翱翔，不时发出清丽的啼啭；兀鹰扇动着双翅，从远处猛冲过来，惊散了鸟群；地面上，美洲驼、犰狳、火鹤、鹦鹉栖居于莽莽草丛中，还有狐狸、野兔等野生动物出没。

沿海岸边则是另一番奇特壮观的景象。远远望去，碧蓝的大海仿佛是铺展开的一块巨大蓝绸，微风起处，不时荡起片片涟漪。这一带盛产珍贵的海兽：鲸鱼、海豹、海狮、象海豹和海豚等。

在众多的海洋动物中，最值得

在瓦尔德斯半岛的西面海滩上，放眼望去，可以看到一片一片的海豹群，它们慵懒地躺在一望无垠的海滩上，悠闲自在。这里的象海豹是鳍脚动物中最大的一种。

一提的便是鲸，抹香鲸和逆戟鲸是最具代表性的。抹香鲸是世界上现存的 11 种大型鲸之一。除了腹部有几处白斑外，整个身躯都是黑色的。逆戟鲸身上也有黑白两种颜色，背黑腹白，背上有大块的白斑。与其他鲸类不同的是，逆戟鲸的牙齿不是须状的，而是长有锋利的牙齿。它们不如抹香鲸庞大，身长不到 10 米，体重也不超 10 吨。别看它们身躯不够庞大，但却有着响亮的称号——"杀人鲸"，它不仅吃鱼类、海龟，还吃其他哺乳动物。

由于瓦尔德斯半岛上独特的自然景观与众多的奇珍异兽，吸引了越来越多的游客，并且逐渐受到各国游客的重视。但是游客的增多也给瓦尔德斯半岛带来了许多负面影响，为了保护野生动物和宝贵的自然财富，有关部门采取许多措施：把一些地区划为"保留地"，与其他地方隔开，严禁入内；设立观察站，负责观察珍贵动物；禁止驾船、游泳、潜水者靠近海洋动物；为经常光顾此处的八百多头鲸建立档案。

伊瓜苏瀑布

世界五大瀑布之一的伊瓜苏瀑布位于南美洲的阿根廷和巴西两国交界处，瀑布气势磅礴、雄伟壮观，是世界上最宽的瀑布。因为瀑布跨越了两个国家，所以被划入各自的国家公园中。

在巴西和阿根廷的交界处，有一条叫伊瓜苏的河流。它最初由北向南分隔两国，然后忽然拐了个很大的弯，向东流去。东边的地势起伏较大，就形成了这个让人过目难忘的大瀑布。每年有上百万游客到阿根廷或巴西来游览。伊瓜苏河发源于巴西境内，在汇入巴拉那河之前，水流平缓，在阿根廷与巴西边境，河宽 1500 米。河水继续向前流淌，忽然遇到了一个倒"U"形峡谷，河水便顺着峡谷的顶部和两边向下直泻，凸出的岩石将顺势而下的河水切割成大大小小二百七十多个瀑布，形成一个景象壮观的总宽度 3000～4000 米，平均落差达 80 米的半环形瀑布群。

伊瓜苏瀑布的与众不同之处在于观赏点多。从不同地点、不同方向、不同高度，看到的景象也会大不相同。

伊瓜苏河沿途集纳了大小河流 30 条，在流到大瀑布前方时，已经汇成一条大河了。伊瓜苏河奔流千里来到两国边界，在从玄武岩崖壁陡落到巴拉那河峡谷时，因为河水的水量极大，一道气势磅礴

伊瓜苏瀑布的魅力，不仅在于它拥有世界上最宽广的瀑布风景，还在于给人一份时空恍惚但又永恒的感觉。

的、世界最宽的大瀑布便在这里形成了，它的水流量达到 1700 立方米/秒。

瀑布的中心是峡谷顶部，这里水流最大、最猛，被人称为"魔鬼喉"。顾名思义，魔鬼喉就是一处群水集聚的涌动喷口，在这里一切都被水声和水色所掩盖。

在阿根廷和巴西观赏到的瀑布景色差异很大。在阿根廷共有上下两条游览路线供游者观赏瀑布，下路于密林之中蜿蜒延伸，可以自下而上领略每一段瀑布的雄伟与壮观，可谓是十步一景；上路是自上而下感受瀑布翻滚而下的磅礴气势。在巴西一侧可以观赏到阿根廷这边主要瀑布的全景。

伊瓜苏大瀑布是一个巨大的有 4000 米长的弧形瀑布群，由无数个大大小小的瀑布组成。除了尼亚加拉瀑布外，它是世界上最长的瀑布。站在约有二十二层楼高的伊瓜苏大瀑布前，面对着 50 米高的珠帘飞雾，谁能不为之惊叹呢？

南极洲
NANJIZHOU

扎沃多夫斯基岛

冰 是南极的主要特征，南极之所以会有如此多的冰雪，主要与其纬度位置有关。南极与北极同是位于地球的两极，纬度高低相同，太阳照射的时间长短和角度也相差不多，而南极的冰却比北极的多。

1819 年，俄罗斯人首先发现了扎沃多夫斯基岛，它是南桑维奇群岛的一个宽不到 6 千米的小岛，位于南极半岛北端以西 1800 千米的地方。这里是南大西洋上的一个偏远宁静的小岛，每年都有几个月，一群群企鹅蜂拥来到岛上，企鹅的喧闹声震耳欲聋。

扎沃多夫斯基岛是世界上最大的企鹅栖息地。企鹅从遥远的地方来到这里是有原因的。扎沃多夫斯基岛是一座活火山，火山口喷发出来的热量使落在山坡上的冰雪很快就融化了，因此冰雪无法在山坡上堆积，生活在这里的企鹅产卵的时间比生活在遥远南方的企鹅产卵的时间要早的原因也在于此。这些企鹅可以在光秃秃的地面上产卵，所以它们宁愿顶着惊涛骇浪来到这里产卵也就不足为奇了。

企鹅虽是适应了潜水生活的鸟类，但是它的骨骼却与其他鸟类的骨骼有所不同，它的骨骼相对于鸟来说太过沉重、结实；同其他

飞翔能力退化的鸟类又有不同，企鹅拥有特别发达的胸肌，它们的鳍状翅因而可以很有力地划水。企鹅拥有跟海豚非常相似的完美的流线型体形。它们的后肢只有三个脚趾发达，趾间生有适于划水的蹼，游泳时，

企鹅的脚相当于船的舵。企鹅的羽轴偏宽，羽片狭窄，羽毛均匀而致密地生在体表，就像鱼的鳞片一样，这同其他的鸟类也不同，而是更适于游泳的结构。借助于这样的身体结构，企鹅在潜水时划一次水便能游得很远，耗费的能量很少，这

使得企鹅成为"游泳健将"。根据科学家们长年细致的观察发现，企鹅的游泳速度很快，能达到每小时 10 ~ 15 千米，它们可以潜游，在水下能潜三十秒左右，它们还可以在水中跳跃，因此企鹅被很多人说成是"在水中飞行的鸟"。

　　企鹅的耐热能力不强，不能忍受较高的气温，企鹅中的大多数只在亚南极水域的岛屿上繁殖，冬季它们则在非洲南部、澳大利亚、新西兰和南美洲较寒冷的海域越冬。栖息在南极本土的企鹅只有阿德利企鹅和帝企鹅，但在寒冷的冬季，阿德利企鹅也在向北方迁移，在那里的不封冻的土壤中寻找食物。在鸟类中企鹅的耐寒本领可以说是"无鸟能敌"的。